U0542383

THE WILLPOWER INSTINCT

自控力

斯坦福大学广受欢迎的心理学课程

[美]凯利·麦格尼格尔 著
Kelly McGonigal
王岑卉 译

目录

导言 欢迎阅读意志力入门

为了成功做到自控，你必须知道自己为何失败 003

如何运用本书 004

01 我要做，我不要，我想要：什么是意志力？为什么意志力至关重要？

我们为什么会有意志力？ 012

“我要做”“我不要”和“我想要”的神经学原理 013

两个自我导致的问题 017

训练大脑，增强意志力 023

本章总结 028

02 意志力的本能：人生来就能抵制奶酪蛋糕的诱惑

两种不同的威胁 032

意志力本能：三思而后行 036

训练你的身心 041

自控力太强的代价 047

充满压力的国度 050

本章总结 053

03 累到无力抵抗：为什么自控力和肌肉一样有极限？

自控的肌肉模式 058
为什么自控力存在局限？ 061
训练“意志力肌肉” 066
自控力是否真的有“极限”？ 070
日常消耗和文明毁灭 075
本章总结 079

04 容忍罪恶：为何善行之后会有恶行？

从圣人到罪人 084
关于进步的问题 090
今天犯错，明天补救 093
当罪恶看起来像美德 099
环保的危害 103
本章总结 106

05 大脑的弥天大谎：为什么我们误把渴望当幸福？

奖励的承诺 110
“我想要”的神经生物学原理 113
分泌多巴胺的大脑：神经营销学的崛起 118
让多巴胺发挥作用 123

多巴胺的阴暗面 126
欲望的重要性 130
本章总结 134

06 “那又如何”：情绪低落为何会使人屈服于诱惑？
为什么压力会勾起欲望？ 138
如果你吃了这块饼干，恐怖分子就赢了 141
“那又如何”效应：为什么罪恶感不起作用？ 145
决定改善心情 153
本章总结 157

07 出售未来：及时享乐的经济学
出售未来 162
没有出路：预先承诺的价值 170
遇见未来的自己 175
该等待的时候，该屈服的时候 184
本章总结 187

08 传染：为什么意志力会传染？
传染病的传播 192
社会中的个人 193

群体的一员 202
“我应该”的力量 207
本章总结 214

09 别读这章：“我不要”力量的局限性
这难道不讽刺吗？ 218
我不想有这种感觉 222
别吃那个苹果 228
请勿吸烟 235
对内接受自我，对外控制行动 239
本章总结 240

10 结　语 241

鸣　谢 247

导　言
欢迎阅读意志力入门

每当我提到自己在讲授一门关于意志力的课程时，人们的反应几乎千篇一律："哦，这正是我需要的。"现在，人们比过去更关注意志力。所谓意志力，就是控制自己的注意力、情绪和欲望的能力。我们知道，意志力会影响一个人的身体健康、经济安全、人际关系和事业成败。我们也知道，应该掌控自己生活的方方面面，包括吃什么、做什么、说什么、买什么。

然而，大多数人都觉得自己意志力薄弱——"自控"只是一时的行为，而力不从心和失控却是常态。美国心理学协会称，美国人认为缺乏意志力是完成目标的最大绊脚石。很多人觉得让自己和他人失望了，因此内心充满愧疚。另一些人则觉得，自己被想法、情绪和欲望支配着，一时冲动而非审慎抉择主宰了自己的生活。即便是自控力很强的人，也觉得掌控生活是件令人筋疲力尽的事。人们不禁会问：生活真的需要如此艰难吗？

作为斯坦福大学医学健康促进项目的健康心理学家和教育工作者，我的任务是帮助人们管理压力，做出有利于健康的选择。通过多年来观察人们改变想法、情绪、身体状况和习惯的种种努力，我发现，人们对意志力的很多理解存在问题。这不仅阻碍了他们走向成功，也为他们带来了不必要的压力。尽管科学研究已经为人们解释了很多问题，但显然大众还没有接纳这些真知灼见。实际上，人们为了能够自控，仍把自己弄得筋疲力尽。我屡次发现，大多数人采取的方法不仅毫无效果，反而会适得其反，甚至会导致自毁或失控。

因此，我决定开设“意志力科学”这门课。这门课是斯坦福大学继续教育学院的项目，面向广大公众开放。这门课汇集了心理学、经济学、神经学、医学领域关于自控的最新洞见，告诉人们如何改变旧习惯、培养健康的新习惯、克服拖延、抓住重点、管理压力。这门课还阐述了人们为何会在诱惑前屈服，以及怎样才能抵挡诱惑。此外，它还提出了理解自控局限性的重要性，以及培养意志力的最佳策略。

令我欣喜的是，“意志力科学”很快成为斯坦福继续教育学院迄今为止最受欢迎的课程之一。第一次开课的时候，听众纷至沓来，我们不得不换了四次教室，才为他们提供了足够的座位。斯坦福最大的一间阶梯教室里挤满了企业高管、教师、运动员、医疗保健人员和对意志力感兴趣的听众。学生们把自己的配偶、子女和同事带进课堂，大家一起分享生活中的经验。

我的初衷是希望这门课惠及更多人，无论他们上课的目的是戒烟、减肥，还是偿还债务、做更称职的家长。但看到课程效果时，我仍然觉得很惊讶。4 周的课程结束后，课堂调查显示，97% 的学生表示对自己的行为有了更好的理解，84% 的学生表示课上讲授的方法提升了自己的意志力。课程结束时，参与者分享了自己的经历，包括如何克服 30 年的嗜甜症，如何终于递交了退税表格，如何不再对孩子们大声嚷嚷，如何坚持进行一个运动项目。大家普遍认为自己状态变好了，也能做出更明智的选择了。教学评价称这门课能改变人生。学生们则达成了清晰的共识：对意志力科学的理解有助于他们培养自控力，让他们更有精力去追逐最重要的东西。科学的洞见对于戒酒者和戒网瘾者同样有效。自控的策略有助于人们抵制各种各样的诱惑，比如来自巧克力、电子游戏、购物和已婚同事的诱惑。学生通过这门课实现了个人目标，比如跑马拉松、开创事业、应对失业和家庭矛盾的压力，以及周五早上可怕的单词测验（也有母亲把孩子带来上课）。

当然，正如任何一位诚实的老师都会说的，我也从学生身上学到了很多。如果我喋喋不休地讲述一个科学发现有多神奇，却不解释它对提升意志力有何帮助，学生们就会昏昏欲睡。他们会及时反馈，告诉我哪种方法在实际生活中很有效，哪些方法则效果甚微。这是实验室研究无法做到的。他们创意十足地完成每周作业，向我展示将抽象理论带进日常生活的新方法。这本书结合了最优秀的科学理论和课上的实践练习，不但融入了最新研究成果，更汇集了数百位学生的智慧。

为了成功做到自控，你必须知道自己为何失败

大多数涉及改变行为的书都会帮你设定目标，甚至会告诉你如何达到目标。无论它是帮你制订新的饮食计划，还是指导你实现财务自由。然而，如果我们想做的改变都成真了，那么“新年新目标”就不再是一句空话，也就没有人会来听我的课了。很少有书会帮你分析原因，告诉你为何至今没有做出改变。当然，作者很清楚你想知道原因，但他们就是不告诉你。

我深信，提高自控力的最有效途径在于，弄清自己如何失控、为何失控。和许多人担心的不同，意识到自己有多容易失控，并非意味着你是个失败者。恰恰相反，这将帮助你避开意志力失效的陷阱。研究表明，自诩意志坚定的人反而最容易在诱惑面前失控。比如，自信能抵制诱惑的戒烟者最容易在 4 个月后故态复萌，过于乐观的节食者最不容易减肥成功。这是为什么

呢？因为他们无法预测自己在何时何地、会出于何种原因失控。他们会和“大烟枪”朋友出去玩，或是在家里存放饼干，也就是将自己置于更多的诱惑中。他们在面对挫折时更容易吃惊，在陷入困境时更容易放弃。

自知之明是自控的基础。认识到自己的意志力存在问题，则是自控的关键。这就是为什么“意志力科学”这门课和这本书都将重点放在我们常犯的意志力错误上。本书每一章都将破除一个关于自控的错误观念，并提供一种应对意志力挑战的全新方法。对于每个关于意志力的错误观念，我们都会进行深入剖析，解答以下问题：当我们屈从于诱惑或拖着不做该做的事时，是什么拖了我们的后腿？哪些是致命的错误？我们为何会犯下这些错误？更重要的是，我们将寻找机会，避免将来犯同样的错误。我们怎样才能从失败中汲取经验，为成功铺平道路？

至少，当你读完这本书时，你将对自己的行为有更好的理解。你会明白，这些行为虽不完美，却是人之常态。“意志力科学”明确地指出，每个人都在以某种方式抵制诱惑、癖好、干扰和拖延。这不是个体的弱点或个人的不足，而是普遍的经验，是人所共有的状态。如果这本书仅仅能帮你认识到，自己的意志力缺陷是人之常情，那么我已经很欣慰了。但我希望它的用处不止于此。我希望本书提供的策略能帮到你，让你的生活发生真正而持久的改变！

如何运用本书

成为自控力科学家

我通过专业训练成为一名科学家。我学到的最重要的事情就是，理论固然好，但是数据更重要。因此，我希望大家把这本书看成一个实验。科学的自控法并不局限于实验室中。你可以把自己看成是真实世界中研究的主体，也应该这样做。当你读这本书的时候，不要把我的话当成金科玉律。我举出证据论证某个概念之后，会让大家在生活中测试这个概念。请收集你自己的数据，看看哪些是真的，哪些对你有用。

你会在每一章中看到两类作业，它们会帮你成为自控力专家。第一类作业我称为“深入剖析”。那些提示会让你注意，某种概念是如何在你的生活中发生作用的。在你可以做出改变之前，你需要看清它的本质。比如，我会让你注意到，你什么时候最容易屈服于诱惑，饥饿会怎样影响你的支出情况。我还会让你试着关注，你是如何和自己谈论意志力挑战的，包括你在拖拖拉拉的时候会对自己说什么，以及你如何判断自己的意志力是失效了还是成功了。我甚至会让你开展一些实地研究，比如观察零售商如何利用店铺的设计削弱你的自控力。在做每一个作业时，试着带上观察者的眼光，没有偏见、保持好奇心，就像一名通过显微镜观察的科学家一样，期待发现有趣且有用的东西。这不是让你在每次意志力薄弱的时候有自责的机会，或是让你抱怨现代社会和其中的所有诱惑。前者不会有机会发生，而我会针对后者提出解决方案。

你还会发现，每章都有一些“意志力实验”。这些策略基于科学研究或理论，能够切实提高你的自控力。你的意志力很快就能得到提升，以便迎接真实生活中的挑战。我希望，你们对每个策略都持开放态度，即便是那些看起来违反直觉的策略（这本书里会有很多这样的策略）。我班上的学生已经先行实验过这些策略，当然，并不是每个策略都适用于所有人，但是这些都是广受好评的方法。至于那些理论上听起来很好，实际中却不怎么管用的方法，放心吧，你不会在本书里看到它们的。

这些实验能够很好地破除陈规，帮助我们找到新方法来解决老问题。我鼓励你们尝试不同的策略，收集你们自己的数据，看看哪一个对自己最有效。它们是实验，不是测试。所以，即便你决定和科学建议背道而驰

（毕竟，科学需要怀疑精神），你也不用担心无法通过。和你的朋友、家人及同事分享你的策略吧，看看对他们来说什么是有效的。你自己也会学到点东西。你可以通过你学到的东西来完善自己的自控力策略。

你的意志力挑战

如果你想最充分地使用这本书，我推荐大家选择某一个意志力挑战，以此来测试每一个书中提到的概念。我们都面临意志力挑战，有些是具有普遍性的。例如，由于我们的生理本能渴望糖类和脂肪，我们就需要克制自己对它们的欲望。要不然，光凭一个人就能养活一家面包店了。但是，我们的很多意志力挑战是独一无二的。你渴望的，很可能是其他人拒绝的。你上瘾的，很可能是其他人觉得无聊的。你拖拖拉拉不去做的，很可能是其他人宁愿花钱去做的。无论是多么琐碎的事，这些挑战在我们身上会产生同样的效果。你对巧克力的渴望和烟民对香烟的渴望没有什么区别，和购物狂对花钱的渴望也没什么区别。你说服自己不去锻炼，和别人劝说自己不去看过期账单没什么区别，和别人把学习计划又拖了一晚上也没什么区别。

你的意志力挑战可能是你逃避的事（我们称为“我要做”的意志力挑战）或者你想改掉的习惯（“我不要”的意志力挑战），也可以是你愿意花更多精力去关注的重要生活目标（“我想要”的意志力挑战）——无论这个目标是改善健康、管理压力、磨炼家长技能还是拓展事业。集中注意力、拒绝诱惑、控制冲动、克服拖延是非常普遍的人性挑战，本书提供的策略会对你选择的目标有所帮助。当你读完这本书时，你会更加了解自己的意志力挑战，并拥有一套全新的自控策略。

慢慢来

我写这本书的初衷，是为了让读者看完书后像上了我 10 周的课程一样。

本书分为 10 章，每章都讲述了一个中心概念和它背后的科学原理，以及如何将它应用到你的目标上。所有的概念和策略都是环环相扣的，你在前一章中做的事都是在为下一章做准备。

虽然你可以花一个周末的时间读完整本书，但我还是希望你一步一个脚印地实施这些策略。我班上的学生会花一整周的时间，观察每个想法在生活中的应用情况。他们每周尝试一种新的自控力策略，并在下一周上课的时候反馈给我哪个效果最好。如果你计划用这本书解决一个具体问题，比如减肥或者控制财务状况，我推荐你采用相同的方法。给你自己充足的时间来尝试这些实际的策略，并进行反思。从每章挑选一个策略，选和你的挑战最相关的一个，而不是一次尝试 10 种策略。

无论何时，只要你想做出改变或者完成目标，就可以利用这本书的“10 周课程结构”，就像我的一些学生会上好几遍这门课一样，他们每次都会关注一种不同的意志力挑战。但是，如果你的首要目标是舒舒服服地看完这本书，你就不用总是进行反思或锻炼了。不过，你可以在最吸引你的地方做上标记。这样，当你准备付诸实践的时候，你就可以回头看看你的笔记。

让我们开始吧

这是你的第一份作业：挑选一个挑战，带进我们的意志力科学之旅。随后，我们会一起进入第一章，做个时空之旅，看看意志力到底从何而来，以及我们如何获得更多的意志力。

深入剖析：选择你的意志力挑战

如果你还没有做决定，是时候选一个你最可能用书中的概念和策略应对的意志力挑战了。以下问题能帮你找出合适的挑战：

* **“我要做”意志力挑战：** 有没有什么事是你想多做一些的，或是停止拖延的，因为你知道这样做能提高你的生活质量？

* **“我不要”意志力挑战：** 你生活中最“顽固”的习惯是什么？有什么是你想放弃，或者想少做一点的，因为它妨害了你的健康、幸福甚至成功？

* **“我想要”意志力挑战：** 你最想集中精力完成哪一项重要的长远目标？哪种当下的“渴望”最有可能分散你的注意力、诱惑你远离自己的目标？

如果叫你说出一件最需要意志力的事，你第一个想到的是什么？对大多数人来说，最大的考验莫过于抵制诱惑，抵制来自甜甜圈、香烟、清仓大甩卖或是一夜情的诱惑。人们嘴里说“我毫无意志力”，通常是指“当我的嘴巴、肚子、心里或是全身上下都想要的时候，我没法‘说不’”。没错，这就是“我不要”的力量。

“说不”属于意志力的一部分，而且是不可或缺的一部分。毕竟，“说不”是全世界的拖延症患者和宅男宅女最喜欢的两个字。实际上，对于你打算拖到明天或是下辈子再做的事，你得学着“说要”。就算你心里再焦虑不安，就算电视节目再魅力难挡，意志力都会逼着你“今日事今日毕”。即使你并非心甘情愿，它也会逼你完成必须做的事。这就是“我要做”的力量。

“我要做”和“我不要”是自控的两种表现，但它们不是意志力的全部。要想在需要“说不”时“说不”，在需要“说好”时“说好”，你还得有第三种力量：那就是牢记自己真正想要的是什么。你没准会说，我真正想要的是巧克力蛋糕，是再喝一杯酒，是好好休个假。但当你面对诱惑和拖延症时，你得想清楚，你真正想要的，其实是变得苗条、升职加薪、不要欠债、家庭美满、远离监狱。只有想到这些，才能遏制你的一时冲动。想要做到自控，你就得在关键时刻明确自己的目标。这就是“我想要”的力量。

意志力就是驾驭“我要做”“我不要”和“我想要”这三种力量。如果驾驭得好，它就能帮你实现目标，还能让你少惹是非。人类相当幸运，因为大脑赋予了我们这三种力量。能够施展这三种力量，恰恰体现了人类的优越性。在进一步分析之前，让我们先怀着一颗感恩的心，想一想能拥有它们是多么幸运的事。然后，让我们钻进人类的大脑里，看看究竟是什么在发挥作用。本书将提出一种训练大脑的方法，让你的意志力变得更强健。本书还会回答以下问题：为什么意志力总是藏得很深？自我意识是人类另一项得天独厚的特质，怎么用它来弥补意志力的缺陷呢？

我们为什么会有意志力？

让我们来想象一下这样的画面吧。10 万年前，你是个处于进化链顶端的智人（Homo sapiens），拥有一般动物不具备的拇指、能够直立的脊椎和可以发声的舌骨。你当时已经能相当熟练地生火了，还会制造锋利的石器，用来给水牛和河马开膛破肚。

仅仅在几代人之前，人类的生活还相当简单，只需要寻找晚餐、繁衍生息和避开食人鳄就够了。智人只有互助才能求生，因此部落里人们关系密切，你的首要任务就是“别惹火其他人”。部落里人们相互合作、共享资源，因此你做事不能随心所欲。你要是偷了别人的水牛肉或抢了别人的配偶，就可能被逐出部落或被杀掉。（切记：其他智人也拥有锋利的石器，而且你的皮可比河马皮薄多了。）况且，如果你生病或者受伤了，没法出门打猎或采野果，你也需要来自部落的照顾。在石器时代，交朋友和与人打交道的方式和今天没什么不同：邻居需要遮风挡雨的地方时，你不妨帮他一把；别人缺吃少穿的时候，你不妨分他一点；而且千万不要对别人说“那件衣服让你好显胖”。换句话来说，我们多少得有点自控力。

能否做出正确的抉择，不仅影响个人的生活，更影响部落的存亡。你得选择和谁打仗、和谁婚配（切记：千万别近亲结婚）。如果你幸运地找到了一个伴儿，还得想着天长地久。现代人同样容易惹麻烦，因为人类还是像十万年前一样好吃、好色、好杀戮。

这不过是对意志力的基本要求。历史的车轮滚滚向前，社会越来越复杂，人们越来越需要自控力。为了适应环境、与人合作、维持关系，人脑很早就学会了自控。现代人的大脑就是为了适应各种需求而进化出来的。只有大脑紧跟时代的脚步，我们才能拥有意志力。意志力是一种抑制冲动的能力，它使我们成为真正的人。

为什么直到今天，意志力仍然很重要？

让我们回到现代社会来看看。意志力不但区分了人和动物，也区分了每一个人。每个人的意志力都是与生俱来的，但有些人的意志力更强。无论从哪个方面看，能够更好地控制自己的注意力、情绪和行为的人，都会活得更幸福。他们的生活更快乐，身体更健康，人际关系更和谐，恋情更长久，收入更高，事业也更成功。他们能更好地应对压力、解决冲突、战胜逆境，活得也更长。顽强的意志力是一个人最突出的优点。自控力比智商更有助于拿高分，比个人魅力更有助于领导别人，比同理心更有助于维持婚姻幸福。（没错，维持婚姻的秘诀就在于学会闭嘴。）如果你想让生活变得更美好，那就从意志力入手吧。首先，我们需要了解一下人脑，看看我们研究的是个什么东西。

“我要做”“我不要”和“我想要”的神经学原理

现代人拥有意志力，得益于远古时期的人类。那时，人们面临很大的压力，必须努力成为好邻居、好父母、好妻子或好丈夫。但人脑究竟是怎么进化而来的呢？答案是，我们的前额皮质进化了。前额皮质是位于额头和眼睛后面的神经区，它主要控制人体的运动，比如走路、跑步、抓取、推拉等，这些都是自控的表现。随着人类不断进化，前额皮质也逐渐扩大，并和大脑的其他区域联系得越来越紧密。现在，人脑中前额皮质所占的比例比其他物种大很多。这就是为什么你的宠物狗不会把狗粮存起来养老，而人却会未雨绸缪。前额皮质扩大之后，就有了新的功能。它能控制我们去关注什么、想些什么，甚至能影响我们的感觉。这样一来，我们就能更好地控制自己的行为。

斯坦福大学的神经生物学家罗伯特·萨博斯基（Robert Sapolsky）认为，现代人大脑里前额皮质的主要作用是让人选择做“更难的事”。如果坐在沙

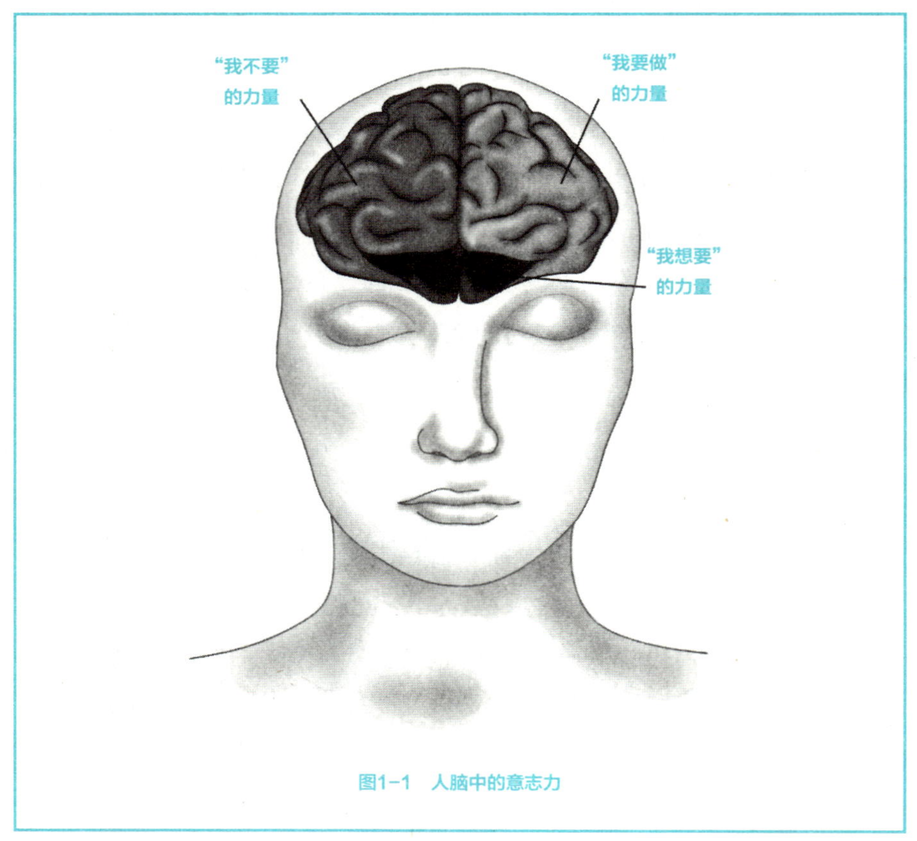

图1-1 人脑中的意志力

发上比较容易，它就会让你站起来做做运动。如果吃甜品比较容易，它就会提醒你要杯茶。如果把事情拖到明天比较容易，它就会督促你打开文件，开始工作。

前额皮质并不是挤成一团的灰质，而是分成了三个区域，分管“我要做”“我不要”和“我想要”三种力量（见图 1–1）。前额皮质的左边区域负责“我要做”的力量。它能帮你处理枯燥、困难或充满压力的工作。比如，当你想冲个澡的时候，它会让你继续待在跑步机上。右边的区域则控制“我不要”的力量。它能克制你的一时冲动。比如，你开车时没有看短信，而是盯着前方的路面，就是这个区域的功劳。以上两个区域一同控制你“做什么”。

第三个区域位于前额皮质中间靠下的位置。它会记录你的目标和欲望，决定你“想要什么”。这个区域的细胞活动越剧烈，你采取行动和拒绝诱惑的能力就越强。即便大脑的其他部分一片混乱，向你大叫“吃这个！喝那个！抽这个！买那个！”这个区域也会记住你真正想要的是什么。

深入剖析：更难的事是什么？

总有很多难事向意志力发起挑战，比如拒绝诱惑，或是在高压环境里坚持下去。想象你正面临一个意志力的挑战。更难的事是什么？为什么它如此困难？想到它的时候，你的感觉如何？

丧失意志力的惊人案例

前额皮质对自控力到底有多重要？我们不妨来看看，如果没有前额皮质会怎样。最有名的前额皮质损伤案例莫过于菲尼亚斯·盖奇（Phineas Gage）的故事。提前声明，这可是个血淋淋的案例。我劝你，最好还是先别吃东西了。

1848 年，铁路领班工人菲尼亚斯·盖奇年仅 25 岁。雇主称他为最好的领班，工友们尊敬他、喜欢他，家人朋友都觉得他既安静又受人尊重。医生约翰·马丁·哈洛（John Martyn Harlow）认为，他是个意志力顽强、身体健壮的人，“拥有钢铁般的意志力和体魄”。

但在 9 月 13 日周三下午 4 点半，一切都变了。当时，盖奇和工友正在用炸药清理拉特兰郡（Rutland）到伯灵顿（Burlington）铁路的佛蒙特州（Vermont）路段。这件事他们做过无数次，但这次却出了岔子。炸药提早爆炸了，冲击波带着一条 3 英尺[①] 长、7 英寸宽的钢筋插进了盖奇的头骨。钢筋刺穿他的左脸，穿过他的前额皮质，飞到了他身后足有 30 码远的地方。那条钢筋上还粘着他的大脑灰质！

你肯定觉得盖奇横尸当场了。不过，他奇迹般地生还了。目击者称，他甚至没有昏过去。工友把他抬到牛车上，走了大约 1 公里把他带回住所。医生尽全力为盖奇包扎，从事发地点取回来一大块头盖骨，对他进行了头骨复原，并用头皮盖住了伤口。

两个月后，盖奇的身体机能完全恢复了（此前，盖奇的脑袋上不断长出真菌，哈洛医生采取了灌肠治疗，所以拖延了康复的时间）。到 11 月 17 日，他已经痊愈了，重新开始了工作。盖奇说自己“哪里都挺好的”，一点都不疼了。

这听上去是不错。不幸的是，盖奇的悲剧并未到此结束。他的外伤是痊愈了，但他的大脑却发生了奇怪的变化。朋友和工友都表示，他的性格大变。哈洛医生在原始事故医疗报告上记录了盖奇的变化：

盖奇心智和身体之间的平衡似乎被打破了。他经常粗鲁地侮辱别人（他以前不是这样），总想去控制别人，极少顺从他人。如果你限制他，或是和

① 1英里=5280英尺=63360英寸=1609.344米

他意见相左，他就会失去耐心……我设计了很多未来的康复计划，但还没来得及实施就不得不放弃了……从这个角度看，他的性情发生了180°大转变。难怪他的朋友和熟人都说他“已经不是盖奇了”。

换句话说，当盖奇失去前额皮质的时候，他也失去了“要做”“不要”和“想要”的力量。钢铁般的意志力看似是他性格中不可动摇的一部分，却被那根刺穿头骨的钢筋击碎了。

当然，大部分人不用担心爆炸会夺走自己的意志力。但我们多多少少有一点盖奇的影子。前额皮质并非始终可靠，醉酒、缺觉、分心等都会影响到它，使我们无法控制自己的冲动。虽然灰质还好端端地待在大脑里，但我们和盖奇已经没什么两样了。即使我们的大脑精力充沛、足够清醒，也不是不存在危险。我们有能力去选择“更难的事”，也会有冲动去做“容易的事”。我们需要阻止这种冲动，但冲动本身也是一种想法。

两个自我导致的问题

人们发现意志力不起作用的时候，比如花了太多钱、吃了太多东西、浪费了太多时间、发了太大脾气的时候，总会怀疑自己“有没有大脑”。抵制诱惑是有可能办到的，但这不意味着我们就一定能办到。我们或许今天就能做完明天的事，但在多半情况下，我们会把事情拖到明天再做。这的确让人很崩溃！不过，我们要感谢人类的进化。在进化过程中，大脑没有因为扩大而发生剧变。进化，更多的是锦上添花。当人们需要新技能时，大脑原始的功能并没有被新功能取代。在原有的冲动系统和本能系统之上，我们进化出了自控系统。

也就是说，进化保留了曾为我们效劳的本能，即使那些本能如今会给我们带来麻烦。不过好处在于，我们如今有了解决麻烦的能力。比如说，最美味的食物也是最能让人发胖的食物。过去食物短缺的时候，多余的身体脂肪能救人一命，爱吃甜食能让人活下去。但进入现代社会后，到处都是快餐、垃圾食品和各种各样能吃的东西，超重有害身体健康，爱吃甜食不再能救人一命。只有拒绝食物的诱惑，你才可能长命百岁。但是，由于我们的祖先曾得益于甜食，我们仍然保持嗜甜的本能。幸亏，自控系统能让我们离糖果罐远远的。即使当我们头脑发热的时候，我们也能克制冲动。

有些神经学家甚至认为，我们只有一个大脑，但我们有两个想法。或者说，我们的脑袋里有两个自我。一个自我任意妄为、及时行乐，另一个自我则克服冲动、深谋远虑（见图 1–2）。我们总是在两者之间摇摆不定，有时

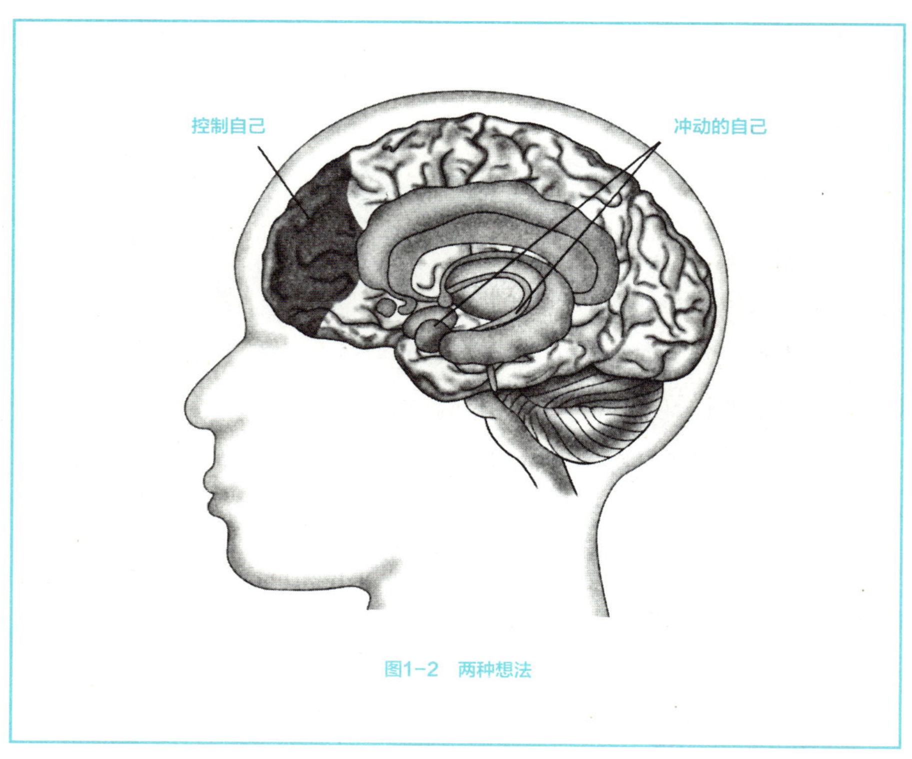

图1–2　两种想法

觉得自己想减肥，有时觉得自己想吃饼干。因此，我们可以这样来定义意志力的挑战——你一方面想要这个，另一方面想要那个。当下的你想要这个，但不要的话，你未来的生活会更好。两个自我发生分歧的时候，总会有一方击败另一方。决定放弃的一方并没有做错，只是双方觉得重要的东西不同而已。

深入剖析：认清两个自我

意志力挑战就是两个自我的对抗。你正面临什么样的意志力挑战？你如何描述两种相抗衡的想法？冲动的你想要什么？明智的你又想要什么？你可以给冲动的自我起个名字，比如把及时行乐的人叫作“饼干怪兽”，把爱抱怨的人叫作“评论家”，把总是不想开工的人叫作“拖延者”。在他们占上风的时候，你就能意识到他们的存在。这还能帮你唤醒那个明智的自己，唤醒意志力。

两个自我的价值

在自我博弈的过程中，如果自控系统能占上风，原始的本能能被你抛在一边，这听起来是不是很诱人？在茹毛饮血的时代里，这些本能使人类得以延续。但如今，它们却阻碍了人类的发展，带来了健康问题，掏空了银行账户，酿成了需要向全国人民道歉的性丑闻。如果文明人能不再被原始冲动所累，那该有多好。

可别这么想。虽然原始冲动并不总对我们有利，但想彻底摆脱它也是不对的。医学上曾研究过因脑部受损而失去本能的人。研究者发现，对于健康、幸福和自控力来说，原始的恐惧和欲望至关重要。有个案例很有意思：一个年轻女子在癫痫手术中伤到了中脑，无法感觉到恐惧和厌恶。恐惧和厌恶正是两种自控的本能。她养成了暴食的习惯，非要把自己吃吐才罢休，而且经常对家人产生性冲动。这可不是个有自控力的典范！

继续读下去，你还会看到：如果没有了欲望，人们就会变得沮丧；如果没有了恐惧，人们就没法保护自己、远离伤害。在意志力挑战中获胜的关键，在于学会利用原始本能，而不是反抗这些本能。神经经济学家是一群研究人们决策时大脑活动的科学家。他们发现，自控系统和生存本能并不总会发生冲突。在某些时候，它们会相互协作，帮我们做出更好的选择。比如，你正穿过一家百货商场，突然，一个明晃晃的东西吸引了你的眼球。你的原始本能大声尖叫“买下它！”你看了看标签牌——199.99 美元。在看到这个惊人的价钱之前，如果你想抑制购买的冲动，就会用到前额皮质。但如果说，你的大脑会本能地对这个价钱产生疼痛的感觉呢？研究表明，事实的确如此。当你看到几位数的标签牌时，和你被人打了一拳时，大脑的反应如出一辙。这种本能的打击能让你的前额皮质更好地发挥作用。这样一来，你根本用不上“我不要”的力量。既然我们的目标是增强意志力，那么何不寻找每一种可行的方法呢？无论是为了享乐还是适应环境，原始本能都很有用。

意志力第一法则：认识你自己

自控力是人类最与众不同的特征之一。此外，人类还拥有自我意识。当我们做一件事的时候，我们能意识到自己在做什么，也知道我们为什么这样做。但愿我们还能知道，在做这件事情之前我们需要做些什么，这样我们就会三思而后行。可以说，这种自我意识是人类独有的。当然，海豚和大象也能辨认出镜子里的自己。但没有任何证据表明，它们能理解自己的所作所为。

如果没有自我意识，自控系统将毫无用武之地。在做决定的时候，你必须意识到自己此刻需要意志力。否则，大脑总会默认选择最简单的。想戒烟的人需要第一时间意识到自己吸烟的冲动，也要知道哪里会让他有这种冲动（比如在室外、寒冷的环境里或摆弄打火机的时候）。他还得知道，如果自己这次投降了，明天很有可能会继续吸烟，未来很可能会疾病缠身。为了避免厄运降临，他必须有意识地戒烟。要是没有自我意识，他就完蛋了。

这听上去似乎很简单。但心理学家知道，大部分人做决定的时候就像开了自动挡，根本意识不到自己为什么做决定，也没有认真考虑这样做的后果。最可恨的是，我们有时根本意识不到自己已经做了决定。比如，有一项研究调查人们每天做多少和食物相关的决定。要是问你的话，你会怎么说？人们平均会猜 14 个。但如果我们真去数，这种决定大约有 227 个。人们是在毫无意识的情况下做出这 200 多个选择的。而这仅仅是和食物相关的决定。如果你都不知道自己在做决定，又怎么能控制自己呢？

现代社会充斥着诱惑和刺激，不断冲击着人们的自控力。巴巴・史乌（Baba Shiv）向我们证明了，注意力分散的人更容易向诱惑屈服。比如，让正在背诵电话号码的学生从食品车里拿些食品，他们选择巧克力蛋糕、不选择水果的概率会比一般学生高 50%。商店里的促销活动更容易吸引心不在焉的购物者。他们很可能把一堆不在购物清单上的东西买回家。①

如果你心里在想其他事，那么冲动就会主导你的选择。你是不是在排队等咖啡的时候发短信，结果本来想点冰咖啡，却点了一杯摩卡？（你绝对不想知道那杯东西有多少卡路里。）你是不是一心想着工作，结果被售货员忽悠了，不但升级了原有的设备，还买了一大堆服务套餐？

① 研究人员还提出了具有实质性意义的一点，即任何“能在购物环境中降低信息处理能力的东西都能刺激消费者的购买欲。商家……可以用一些办法来抑制信息处理能力，并从中获利。比如，商家会在店里播放让人分心的音乐，或者摆放一些展览品”。难怪我每次走进药店时都会看见一堆乱七八糟的东西。——作者注

意志力实验：回忆一下你的决定

如果你想有更强的自控力，就得有更多的自我意识。首先你得知道，什么样的决定需要意志力。有些决定比较明显，比如“下班后要不要去健身？”但有些冲动的后果可能要过些日子才会显现。比如，你是不是先装好了运动背包，以便不用回家就能去锻炼？（这是个不错的做法！这样你就没那么多借口了。）你是不是接了个电话，然后聊着聊着就饿了，没办法直接去健身了？（哎呀！你要是先去吃饭，八成就不会去健身了。）请至少选一天，把你做的决定都记下来。在这一天结束的时候，回想你做的决定，分析哪些有利于你实现目标，哪些会消磨你的意志。坚持记录你的决定，还有助于减少在注意力分散时做决定，同时增强你的意志力。

网瘾患者康复的第一步

31 岁的米歇尔是电台节目制作人，她总在不停地用电脑或手机查收邮件。这影响了她的工作效率，也让她的男朋友心烦意乱，因为他从来没有得到过她百分之百的注意。课程中，米歇尔的意志力挑战便是尽可能少地查收邮件。她给自己设定了一个宏伟目标，也就是一小时里最多查收一次邮件。第一周结束时，她觉得自己毫无进展。问题在于，她经常在翻看完所有的新消息后，才意识到自己又查收了邮件。只要她能意识到自己在做什么，就有可能停下来。然而，她意识不到是什么促使自己看手机、查看邮箱。米歇尔又制订了新的目标，希望能尽早发现冲动的苗头。

到下一周结束的时候，在即将碰到电话或点开邮箱的时候，她已经能意识到自己在做什么了。这让她能够阻止自己，而不是一头扎进去。查收邮件的冲动真是让人难以捉摸！在查看邮件之前，米歇尔想不到是什么促使自己非查收不可。过了一段时间，她渐渐发现，这种感觉就像挠痒一样。当她查收邮件的时候，大脑和身体的不安都得到了缓解。米歇尔非常兴奋，因为她从没想过，原来自己查收邮件是为了缓解不安。她还以为自己只是为了获取信息呢。她开始关注自己查收邮件后的感觉，并发现查邮件和挠痒一样没用，只会让她觉得更痒。米歇尔及时发现了自己的冲动，并且认识到了冲动的反应，这增强了她的自控力，也让她超额完成了目标。从此，她在工作之外都尽量不看邮件了。

利用这一周的时间观察一下，你究竟是怎样屈服于冲动的。你甚至不用设定一个自控目标，只需要看看你能否及早意识到自己在做什么，什么样的想法、感受和情况最容易让你有冲动，想些什么或暗示什么最容易让你放弃冲动。

训练大脑，增强意志力

人类花了几百万年时间，终于进化出了能满足要求的前额皮质。如果我们不想再花一百万年时间，却想拥有更强的自控力，听上去是不是太贪心了？如果普通的人脑已经有了足够的自控力，我们能不能对它加以改进？

远古以来，至少是研究人员开始探索人脑以来，人们一直认为大脑构造是固定不变的；人的脑容量是一个固定值，不能通过外力改变；人脑唯一可能发生的变化，就是随着衰老变得迟缓。但是在过去10年里，神经学家发现，人脑像一个求知欲很强的学生，对经验有着超乎大家想象的反应。如果你每天都让大脑学数学，它就会越来越擅长数学。如果你让它忧虑，它就会越来越忧虑。如果你让它专注，它就会越来越专注。

你的大脑不仅会觉得越来越容易，也会根据你的要求重新塑型。就像通过锻炼能增加肌肉一样，通过一定的训练，大脑中某些区域的密度会变大，会聚集更多的灰质。比如，对学习表演杂耍的成年人来说，他们大脑中用来追踪运动物体的区域会聚集更多的灰质。大脑中某些区域的连接会更加紧密，以便更快地传递信息。如果成年人坚持每天玩 25 分钟记忆力游戏，大脑里控制注意力和记忆力的区域就会连接得更紧密。

但是，脑力训练不只是为了表演杂耍，或者记住把眼镜放在哪里。越来越多的科学研究表明，通过训练大脑能增强自控力。那么，针对大脑的意志力训练到底是什么样的呢？你可以在家里布满陷阱，来挑战“我不要”。比如，你可以在放袜子的抽屉里放块巧克力，在锻炼用的自行车旁边放上一杯酒，把高中时喜欢的女孩照片贴在冰箱上。你还可以设置一些“我要做”的障碍。比如，你可以偶尔要求自己喝杯大麦茶、做 20 次双脚跳，或者提前一点纳税。

你还可以做一件更简单、更无痛的事——冥想。神经学家发现，如果你经常让大脑冥想，它不仅会变得擅长冥想，还会提升你的自控力，提升你集中注意力、管理压力、克制冲动和认识自我的能力。一段时间之后，你的大脑就会变成调试良好的意志力机器。在你的前额皮质和影响自我意识的区域里，大脑灰质都会增多。

当然，我们不用花一辈子时间去冥想，希望以此改变大脑。有些研究人员已经开始调查，如何用最短的冥想时间改变大脑（我的学生很欣赏这个方法，因为没有人会在今后 10 年里跑到喜马拉雅山某个山洞里去打坐冥想）。这项研究针对的是从来没有冥想过的人，也包括对此事持怀疑态度的人。研究人员会教他们一些简单的冥想技巧。研究发现，经过仅仅 3 个小时的冥想练习，他们的注意力和自控力就有大幅提高。11 个小时后，研究人员已经能观察到大脑的变化。刚学会冥想的人大脑里负责控制注意力、排除干扰、控制冲动的区域之间增加了许多类神经元。另一项研究发现，持续 8 周的日常冥想训练可以提升人们日常生活中的自我意识，相应大脑区域里的灰质也会随之增多。

我们的大脑竟能如此迅速地重塑自己，这听起来有点惊人。但你可以这样理解，冥想让更多的血液流进前额皮质，就像提重物能让更多的血液流进肌肉一样。人脑在接受锻炼方面和肌肉没什么区别，它会变得更强壮、更迅速，以便应付你的需要。所以，如果你准备好了要训练你的大脑，以下冥想技巧会很有用，能充分挖掘你的大脑潜能。

意志力实验：5 分钟训练大脑冥想

专心呼吸是一种简单有效的冥想技巧，它不但能训练大脑，还能增强意志力。它能减轻你的压力，指导大脑处理内在的干扰（比如冲动、担忧、欲望）和外在的诱惑（比如声音、画面、气味）。新研究表明，定期的思维训练能帮人戒烟、减肥、戒毒、保持清醒。无论你“要做”和“不要”的是什么，这种 5 分钟冥想都有助于你增强意志力。

让我们开始吧。

1. 原地不动，安静坐好。

坐在椅子上，双脚平放在地上，或盘腿坐在垫子上。背挺直，双手放在膝盖上。冥想时一定不能烦躁，这是自控力的基本保证。如果你想挠痒的话，可以调整一下胳膊的位置，腿交叉或伸直，看自己是否有冲动但能克制。简单的静坐对于意志力的冥想训练至关重要。你将学会不再屈服于大脑和身体产生的冲动。

2. 注意你的呼吸。

闭上眼睛。要是怕睡着，你可以盯着某处看，比如盯着一面白墙，但不要看家庭购物频道。注意你的呼吸。吸气时在脑海中默念“吸”，呼气时在脑海中默念“呼”。当你发现自己有点走神的时候，重新将注意力集中到呼吸上。这种反复的注意力训练，能让前额皮质开启高速模式，让大脑中处理压力和冲动的区域更加稳定。

3. 感受呼吸，弄清自己是怎么走神的。

几分钟后，你就可以不再默念“呼”“吸”了。试着专注于呼吸本身。你会注意到空气从鼻子和嘴巴进入和呼出的感觉，感觉到吸气时胸腹部的扩张和呼气时胸腹部的收缩。不再默念“呼”“吸”后，你可能更容易走神。像之前一样，当你发现自己在想别的事情时，重新将注意力集中到呼吸上。如果你觉得很难重新集中注意力，就在心里多默念几遍“呼”和“吸”。这部分的训练能锻炼你的自我意识和自控能力。

刚开始的时候，你每天锻炼 5 分钟就行。习惯成自然之后，请试着每天做 10 ~ 15 分钟。如果你觉得有负担，那就减少到 5 分钟。每天做比较短的训练，也比把比较长的训练拖到明天好。这样，你每天都会有一段固定的时间冥想，比如早晨洗澡之前。如果你做不到，可以对时间进行适当的调整。

冥想时感觉糟糕，有助于培养自控

51 岁的安德鲁是一位电力工程师。他觉得自己不善于冥想。他觉得，冥想就是什么都不想。即使注意力已经集中到了呼吸上，他也觉得会有别的想法溜进大脑。他没有像预期的那样很快就有进步，因此准备放弃训练了。他认为，既然自己没办法将注意力集中到呼吸上，冥想就是在浪费时间。

很多刚尝试呼吸训练的人都会有这样的错误想法。实际上，冥想时感觉“很糟糕”才能让训练有效果。我鼓励安德鲁和很多受打击的学生，不仅要关注自己能否将注意力集中到呼吸上，还要注意观察，这种训练在其他时候是否影响了你的选择。

安德鲁发现，自己虽然在冥想训练时有些分心，但训练后更能集中注意力了。他还发现，在冥想训练里做的事正是他在生活中也要面对的——把自己的注意力收回，专注于最初的目标。（在冥想训练中，目标就是专注呼吸。）吃午饭的时候，他本想点些高盐或油炸的垃圾食品。这时，冥想训练就发挥作用了。他能咽下即将脱口而出的刻薄言论，也能把注意力集中到成堆的任务上了。自控力是一个过程，在这个过程中，人们不断偏离目标，又不断把注意力收回来。看到自己走到了这一步，安德鲁再也不担心 10 分钟冥想训练里如何专注呼吸了。冥想时的感觉越“糟糕”，它在现实生活中的作用就越明显。最重要的是，你在走神的时候要能意识到这一点。

冥想不是让你什么都不想，而是让你不要太分心，不要忘了最初的目标。如果你在冥想时没法集中注意力，别担心，你只需多做练习，将注意力重新集中到呼吸上。

写在最后的话

我们有现代人的大脑结构，所以有好几个自我。它们互相竞争，试图控制我们的想法、感受和行动。每个意志力挑战都是一次自我博弈。要想让更好的自己占据主导，我们就要强化自我意识和自控力。这样，我们才会拥有意志力和“我想要”的力量，让自己选择去做更难的事。

本章总结

核心思想：意志力实际上是“我要做”“我不要”和“我想要”这三种力量。它们协同努力，让我们变成更好的自己。

深入剖析：

· 更难的事是什么？想象你正面临一个意志力的挑战。更难的事是什么？为什么它如此困难？

· 认清两个自我。你的意志力挑战是，如何描述相抗衡的两个自我？冲动的你想要什么？明智的你又想要什么？

意志力实验：

· 记录你的意志力选择。至少选一天，注意观察你做的关于意志力的决定。

· 5 分钟大脑训练冥想。在脑海中默念“呼”和“吸”，把注意力集中在呼吸上。当你开始走神的时候，重新集中注意力。

起初，你会感到一阵兴奋。你的脑袋嗡嗡作响，心脏怦怦跳个不停，好像你全身上下都在说“我想要”。这时，焦虑会向你袭来。于是，你肺部紧缩、肌肉紧绷，你开始觉得头重脚轻、内心反感。你几乎要发抖了，因为你非常想要。但是你不能要。可是你又想要。但是你真的不能要！你清楚自己需要做什么，但你不确定自己能否把持得住。

欢迎来到欲望的世界。或许你的欲望对象是一支烟、一杯酒或是一杯拿铁，也许是一家清仓甩卖的店铺，一张乐透彩票或是橱窗里的一个甜甜圈。这时你就面临抉择：是屈服于诱惑，还是寻找内在力量来自控。此时此刻，即使你全身上下都在说“我想要”，你也需要说出“我不想”。

当你遇到真正的意志力挑战时，你的身体一定能感觉到。这并不是孰是孰非这种抽象的命题，而是你身体内部的战斗，是你身体两部分之间的战斗，感觉就像两个不同的人在战斗。有时，欲望会占据上风。有时，那个更加明智、想变得更好的你会占据上风。

很难说为什么你面对意志力的挑战会有输有赢。这次你能抵抗，下次你可能就会屈服。你可能会问自己：“我到底在想什么？！”其实你更应该问：“我的身体到底在做什么？”科学研究发现，自控力不仅和心理有关，更和生理有关。只有在大脑和身体同时作用的瞬间，你才有力量克服冲动。研究人员逐渐认识到这是一种怎样的状态，以及复杂的现代社会是如何破坏这种状态的。好消息是，当你最需要意志力的时候，你能够学会将自己的生理机能调整到这种状态。这样，当你再面临诱惑的时候，自控力就成了你的本能反应。

两种不同的威胁

想要探究自控时的身体状态，我们首先要明确剑齿虎和草莓奶酪蛋糕的区别。很重要的一个方面是，剑齿虎和奶酪蛋糕有相似之处——它们都不会让你长命百岁。但是从其他方面来看，它们是两种完全不同的威胁。人脑在应对它们时会采取完全不同的策略。幸好，通过进化，人类学会了保护自己不受它们的威胁。

危险逼近的时候

让我们溯时而上，回到凶猛的剑齿虎还在捕食猎物的时代①。想象一下，你正在东非的塞伦盖蒂大草原（Serengeti）上盘算着找些吃的。或许，你正在横七竖八的尸体中寻找着午餐，一切都很顺利。那边刚死掉、还没人抢的鬣狗不正是你想要的吗？突然，大事不妙了！一只剑齿虎正埋伏在附近的树林里。或许它正在回味鬣狗这道开胃菜，并在打量着下一道菜。对，就是你了。它似乎很想把 11 英寸长的牙齿插进你的肉里。而且，它可不像现代人一样，会在满足欲望的时候感到不安。你也不要指望它在节食，会嫌弃你的肉里有太多热量。

幸好，你并不是第一个身处险境的人。你的祖先们早就面对过这类敌人了。你从祖先身上遗传了战斗或逃命时的本能。这种本能就是应激反应。你肯定有过这种感觉——心跳加速、下巴打战、精神高度紧张。这些身体的变化都不是偶然的。它们以某种复杂的方式与人脑和神经系统相互协调，保证

① 我知道，严格来说并不存在“剑齿虎”这种动物，这种凶猛的捕食者真正的名字是“剑齿猫”。然而，此前有读者指出，“剑齿猫”会让人想到一种长毛、温顺的家养宠物，长着一口像是万圣节用的吸血鬼利齿。所以我仍旧坚持用“剑齿虎”这个名字。虽然这个名字可能不够科学，但听起来会更恐怖一些。——作者注

你能迅速反应、全力出击。

当你看到剑齿虎时，你的生理反应是这样：信息先通过眼睛进入大脑中的杏仁体，这就是你的警报系统。这个警报系统处于大脑中部，用来探测潜在的紧急情况。当它发现威胁的时候，就会利用位于大脑中部的优势，迅速将信息传给大脑和身体的其他部分。当警报系统通过眼球得知一只剑齿虎正在盯着你的时候，它便会向大脑和身体发出一系列信号，让你产生应激反应。你的肾上腺会释放出压力荷尔蒙。以脂肪和糖的形式存储的能量会进入你的血管和肝脏。你的呼吸系统让肺部吸入空气，为身体提供足够的氧气。你的心血管系统开足马力，保证血管里的能量顺利运送到肌肉，让你随时能战斗或逃命。你身体里的每一个细胞都得到了消息——该是战斗的时候了。

当你的身体进入防御准备的时候，大脑中的警报系统要做的就是，保证大脑不会和身体产生同样的反应。它让你的注意力和感知力集中在剑齿虎身上，集中在你的周边环境上，保证你此时不会为其他东西分心。同时，警报系统会在大脑里产生复杂的化学反应，阻止前额皮质发挥作用。前额皮质正是大脑中控制冲动的区域。是的，应激反应让你更加冲动。原本有理智、有智慧、深思熟虑的前额皮质陷入了昏迷。这样一来，你就不容易退缩，或是反复思量是否要逃跑了。说到逃跑，我劝你在这种情况下还是赶快逃跑比较好。

应激反应是大自然赐予人类最丰厚的馈赠，尽全力逃命是大脑和身体的本能反应。你不会浪费能量去做那些无关生死的事，无论是体力还是脑力都不会浪费。因此，当发生应激反应时，可能前一分钟你还在消化早餐或是拔手上的倒刺，下一分钟你就开始自救了。你不会再浪费脑力去考虑晚餐或是岩画，而是一边警惕眼前的危机，一边迅速做出反应。换句话说，应激反应是一种管理能量的本能，这种本能决定了你将如何利用有限的体力和脑力。

一种新的威胁

你还在塞伦盖蒂大草原上，准备来个虎口脱险吗？抱歉，我们时间旅行的日程安排得很紧，现在得赶紧返回现代了。但是，想要了解自控的生理学原理，我们确实有必要做那么一次时间旅行。让我们回到现代，远离那种已经灭绝的危险捕食者。做个深呼吸，放松一下。让我们找个更安全、更有趣的地方待着吧。

去大街上转转怎么样？想象一下，阳光明媚，微风拂面，鸟儿歌唱。但是突然，在面包店的橱窗里，你看到了一块最美味的草莓奶酪蛋糕。光滑的奶油表面上闪烁着耀眼的红色光芒，几颗零星散落的草莓让人忆起童年夏日的味道。你还没来得及说出“等等，我正节食呢”，你的脚步已经移动到了门口，你的手已经拉开了门。门铃叮咚作响。你早已按捺不住激动，口水直流了。

现在，你的大脑和身体处于什么状态中呢？首先，你脑子里能想到的就是犒劳一下自己。当你看到草莓奶酪蛋糕的时候，大脑中部会释放出一种叫作多巴胺的神经递质，它随后会进入大脑中控制注意力、动机和行动的区域。这些多巴胺会告诉你的大脑：“现在一定要吃奶酪蛋糕，要不然会生不如死哦。”这就能解释，为什么你的手和脚会自动冲向面包房。你会想：“这是谁的手啊？拉门的是我的手吗？原来是我的手呀？啊，奶酪蛋糕要多少钱？”

这一切发生的时候，你的血糖会降低。当你的大脑感觉舌尖轻触奶油时，它便会释放出一种会影响神经的化学物质，让身体开始使用血液中携带的所有能量。为了防止可能出现的糖分昏迷和罕见的奶酪蛋糕致死事件，你需要立刻降低血液中的糖分。你看身体多会照顾你！但是，糖分的降低会让你觉得头晕目眩，这就让你更想吃奶酪蛋糕了。这可不妙，我可不想被人们当成奶酪蛋糕阴谋论者。但是，如果你把这看成是奶酪蛋糕和节食之间的斗争，那我必须得说，奶酪蛋糕大获全胜。

不过请等一下，在塞伦盖蒂大草原上，你还有一个秘密武器——意志力。意志力，就是选择去做最重要的事情的能力，即便那是件困难的事。现在，最重要的事不是奶酪蛋糕带来的一时快感。你多多少少会知道，还有更重要的事在等着你，比如健康、幸福，还有明天还能挤得进裤子里。这时，你会意识到，奶酪蛋糕威胁了你的长期目标，因此你要不惜一切代价处理好这个威胁。这就是你的意志力本能。

但和剑齿虎不同的是，奶酪蛋糕并不是真正的威胁，不会对你造成直接的伤害。如果你不动刀叉的话，它就不会影响你的健康或腰围。这就对了！这回，你的敌人是你的内心。你不需要逃离面包店（虽然这样做也无妨），你也不用杀掉奶酪蛋糕（或者面包师傅），但是你确实需要克制自己内心的欲望。你不可能真的消灭一个欲望，因为欲望在你的内心和身体里，没有办法自动消失。应激反应会让你面对最原始的欲望，而这正是你当下最不愿看到的。自控力需要另一种自救的方式，一种能对抗这种新威胁的方式。

深入剖析：什么是威胁?

我们总觉得诱惑和麻烦来自外部世界，比如危险的甜甜圈、罪恶的香烟、充满诱惑的网络。但自控力告诉我们，问题出在我们自己身上，是我们的思想、欲望、情绪和冲动出了问题。对你的意志力挑战来说，最重要的是认清什么是需要克制的内在冲动。哪些想法或感觉迫使你在不情愿的时候做出决定？如果你不确定的话，可以做一些实地观察。下一次你受到诱惑的时候，试着关注自己的内心世界。

意志力本能：三思而后行

苏珊娜·希格斯托姆（Suzanne Segerstrom）是美国肯塔基大学的心理学家，她专门研究压力、希望等精神状态如何对身体产生影响。她发现，自控力和压力一样都是生理指标。当你需要自控的时候，大脑和身体内部会产生一系列相应的变化，帮助你抵抗诱惑、克服自我毁灭的冲动。希格斯托姆称这些变化为“三思而后行”反应。这些反应看起来和应激反应完全不一样。

你可以回忆一下我们的塞伦盖蒂大草原之旅。当时，你一发现有外在的威胁，就立刻采取了应激反应。你的大脑和身体进入自我防御模式，准备进攻或者逃跑。“三思而后行”反应和应激反应有一处关键的区别：前者的起因是你意识到了内在的冲突，而不是外在的威胁。你想做一件事（比如抽烟、吃大餐、工作时间浏览不良网站），但你知道自己不该做。或者，你知道你应该做什么事（比如纳税、完成项目、去健身），但你宁愿什么都不做。这些内在的冲突本身就是一种威胁，你的本能促使你做出潜在的错误决定。因此，你需要保护自己，也就是需要所谓的自控力。最有效的做法就是先让自己放慢速度，而不是给自己加速（比如应激反应）。“三思而后行”反应就是让你慢下来。当你意识到内在冲突的时候，大脑和身体会做出反应，帮助你放慢速度、抑制冲动。

大脑和身体如何发挥意志力

“三思而后行”反应和应激反应一样，都是从大脑开始的。大脑中的警报系统总是在控制你听到、看到、闻到什么，大脑的其他区域则在记录身体各部分的状态。这种自我监测系统分布在大脑的各个部分，连接着前额皮质中的自控区域，也连接着记录身体感觉、想法和情绪的其他区域。这个系统的重要功能之一就是阻止你做出错误的决定，比如打破保持了 6 个月的戒酒状态、对你的老板大声嚷嚷，或是对过期的信用卡账单视而不见。自我监测系统会随时探测存在于你思想、情绪和感觉中的警报信号，避免你做出很可能让你后悔的事。当大脑发现警报信号后，我们的“好帮手”前额皮质就会帮我们做出正确的决定。但是，“三思而后行”反应并不会向肌肉输送能量，它只能调整大脑状态。你自控的时候，大脑的能量供应会增加，从而帮助前额皮质发挥意志力。

正如我们看到的，“三思而后行”和应激反应一样，活动范围不止于大脑。记住，你的身体已经开始对奶酪蛋糕做出反应。你的大脑需要让身体意识到你的目标，同时克制住冲动。要做到这一点，你的前额皮质就要传递自控的要求，降低控制心率、血压、呼吸的大脑区域的运转速度。“三思而后行”和应激反应的作用大相径庭。当你产生“三思而后行”反应时，你的心跳不会加速，而会放缓。你的血压会保持正常。你不会像疯了一样拼命呼吸，而会深吸一口气。你的肌肉不会紧绷、随时准备采取行动，而会尽可能地放松。

“三思而后行”反应让你的身体进入更平静的状态，但不是完全按兵不动。这样做的目的不是让你在内心的矛盾面前手足无措，而是彻底解放你。“三思而后行”反应让你避免冲动行事，给你提供更多的时间，让你深思熟虑想办法。在这种身心状态下，你能够对奶酪蛋糕说“不”。你不仅保留了尊严，还完成了节食计划。

虽然“三思而后行”和应激反应都是人类天性中的一部分，但你可能发现它们看起来不像本能。反而，吃奶酪蛋糕才更像人的本能。想了解为何意志力本能不是总能生效，我们需要深入了解压力和自控力的生理学基础。

身体的意志力“储备”

对“三思而后行”反应的最佳生理学测量指标是“心率变异度”。可能大多数人都没有听说过这项指标，但它确实能反映压力状态和平静状态下不同的身体状态。每个人的心率或多或少会有所变化。你在上楼梯的时候能明显感到心率加速。如果你很健康，即便是你在看书的时候，心率也会有一些正常的波动。我们现在说的并不是可怕的心律失常，而只是一些正常的变化。你吸气的时候心率会升高，呼气的时候心率会降低，这是正常的，也是健康的。这说明你的心脏能从交感神经系统和副交感神经系统中收到信号。前者会加速身体运动，后者会减缓身体运动。

当人们感到压力时，交感神经系统会控制身体。这种生理学现象让你能够战斗或者逃跑。心率升高，心率变异度就会降低。此时，由于伴随应激反应产生的焦虑或愤怒，心率会被迫保持在较高的水平上。相反，当人们成功自控的时候，副交感神经系统会发挥主要作用，缓解压力，控制冲动行为。心率降低，心率变异度便会升高。此时，人们能更好地集中注意力并保持平静。希格斯托姆在一次实验中首次发现了自控力的生理学指标。在这次实验中，她要求饥饿的学生们不准吃新鲜出炉的巧克力曲奇饼。（这件事真的很难，因为学生们为了准备味觉试验早就开始禁食了。他们来到实验室后，看到屋子里摆满了刚刚烤好的巧克力曲奇饼、巧克力糖和胡萝卜。实验人员说："胡萝卜你们想吃多少就吃多少，但不能碰饼干和糖果，那是给下一组被试者准备的。"学生们很不情愿，但又必须拒绝甜食。这时，他们的心率变异度升高了。比较幸运的另一组被试者只需要"拒绝"胡萝卜，可以尽情享用饼干和糖果。他们的心率变异度没有变化。）

心率变异度能很好地反映意志力的程度。你可以用它推测谁能抵抗住诱惑，谁会屈服于诱惑。比如，当一个戒酒的人看到酒时心率变异度升高，那么他很可能会继续保持清醒。但如果情况相反，他的心率变异度降低，那么他很可能会故态复萌。研究还发现，心率变异度较高的人能更好地集中注意力、避免及时行乐的想法、更好地应对压力。他们在困难面前更不容易放弃，即便他们一开始就遭到了失败或得到了消极评价。这些发现让心理学家把心率变异度称为身体的意志力“储备”，也就是一个衡量自控力的生理学指标。如果你的心率变异度高，那么无论在何种诱惑面前，你的意志力都会更强。

为什么有人如此幸运，在意志力挑战面前有更高的心率变异度，而有些人却有明显的缺陷？有很多因素会影响到意志力储备，比如你吃什么（以植物为原材料的、未经加工的食物有助于提高心率变异度，而垃圾食品则会降低心率变异度）或是住在哪里（糟糕的空气质量会降低心率变异度）。任何给你的身心带来压力的东西都会影响自控力的生理基础，甚至会摧毁你的意志力。焦虑、愤怒、抑郁和孤独都与较低的心率变异度和较差的自控力有关。慢性疼痛和慢性疾病则会消耗身体和大脑的意志力储备。但你也可以通过一些方法，将身心调节到适合自控的状态。要提高意志力的生理基础，上一章中的冥想练习就是最简单有效的方法。它不仅能够训练大脑，还能提高心率变异度。还有一些减轻压力、保持健康的方法，比如锻炼、保证良好睡眠、保证健康饮食、和朋友家人共度美好时光、参加宗教活动，都能增强身体的意志力储备。

意志力实验：通过呼吸实现自控

这本书不会教给你什么捷径，但能告诉你一种快速提高意志力的方法：将呼吸频率降低到每分钟 4 ～ 6 次，也就是每次呼吸用 10 ～ 15 秒时间，比平常呼吸要慢一些。只要你有足够的耐心，加上必要的练习，这一点不难办到。放慢呼吸能激活前额皮质、提高心率变异度，有助于你的身心从压力状态调整到自控力状态。这样训练几分钟之后，你就会感到平静、有控制感，能够克制欲望、迎接挑战。①

在吃奶酪蛋糕之前，你不妨先做个放慢呼吸的训练。先计算你平常的呼吸频率，然后放慢呼吸，但不要憋气（这样只会让你更紧张）。对大多数人来说，放慢呼气速度很容易，因此，请专注于缓慢地、充分地呼气（就像用吸管向外吹气一样）。充分的呼气让你能更加充分地吸气。如果你无法每分钟呼吸 4 次，那也别担心。当呼吸频率下降到每分钟 12 次以下时，心率变异度就会稳步提高。

研究表明，坚持这个练习能增加你的抗压性，帮助你做好意志力储备。一项研究发现，滥用药物或患有创伤后应激障碍症的成年人，每天进行 20 分钟放慢呼吸的练习，就能提高心率变异度，降低欲望和抑郁程度。原理相似的“心率变异度训练项目”还能帮助警察、股票交易员和客户服务人员提高自控力，降低心理压力。这三类人正是世界上压力最大的群体。只要做 1～2 分钟的呼吸训练，就能提高你的意志力储备。所以，每当你面临意志力挑战的时候，都可以尝试这种办法。

意志力处方

我的学生南森在当地医院做医生助理。他的工作报酬颇丰，但压力十足。因为他不仅要直接面对病患，还要担任行政职务。他发现呼吸训练让他思维清晰，在压力下能做出更好的决策。他将这种行之有效的方法介绍给了同事。他们也开始用这个方法应对压力处境，比如和病患家属交谈，或者应对长期夜班带来的疲倦。南森甚至将这个训练介绍给他的病人，帮助他们减轻焦虑、度过不适的医治过程。很多病人觉得，虽然自己无法控制病情，但

① 如果你需要科技手段来降低呼吸频率，有很多产品可供你选择。从经济实惠的智能手机应用软件“呼吸测速”（Breath Pacer），到先进的心率变异度检测器“电磁波个人减压器”，都能帮助你测量呼吸频率，调整生理机能。——作者注

放慢呼吸的训练让他们能控制自己的身心，帮他们找到了渡过难关的勇气。

训练你的身心

有很多方法可以增强自控力的生理基础，这周我会介绍两种最有效的方法。这两种方法成本都不高，但都非常有效。随着时间的推移，它们的效果会越来越明显。同时，它们还能改善很多影响意志力的因素，包括抑郁、焦虑、慢性疼痛、心血管疾病和糖尿病。对于想提高意志力同时保持健康的人来说，这绝对是一笔只盈不亏的投资。

意志力奇迹

心理学家梅甘·奥腾（Megan Oaten）和生物学家肯恩·程（Ken Cheng）刚刚总结出了一种提高自控力的新型疗法。研究结果让这两位来自悉尼麦考瑞大学的研究人员大吃一惊。虽然他们希望得出有效的成果，但没人预料到治疗效果会有如此深远的意义。他们的实验对象是 6 名男性和 18 名女性，年龄从 18 岁到 50 岁不等。经过 2 个月的治疗，他们的注意力和抗干扰能力都有所提高。值得称道的是，他们的注意力能集中 30 秒不分散。不仅如此，他们吸烟饮酒的频率和咖啡因的摄入量都有所降低，尽管没有人要求他们这样做。他们吃的垃圾食品更少了，吃的健康食品更多了。他们看电视的时间减少了，学习的时间增加了。他们觉得能更好地控制自己的情绪了。他们甚至做事不再拖沓了，连约会迟到也变少了。

我的天啊，他们到底用了什么神奇的药物？我们能在哪里找到处方呢？

其实，这根本不是某种药物的作用。意志力的奇迹实际上来自身体的训练。被试者过去都没有固定锻炼的习惯，但在参加试验后，他们获得了健身房的免费会员资格，研究人员鼓励他们有效利用健身资源。第一个月里，他们平均每周锻炼 1 次。但经过 2 个月的训练后，他们每周最多能锻炼 3 次。研究人员没有要求他们改变其他生活习惯，但锻炼似乎让他们的生活充满了活力，也让他们获得了自控力。

事实证明，科学家找到的自控力良药竟然是锻炼！对起步者来说，锻炼对意志力的效果是立竿见影的。15 分钟的跑步机锻炼就能降低巧克力对节食者、香烟对戒烟者的诱惑。锻炼的长期效果更加显著。它不仅能缓解普通的日常压力，还能像百忧解（Prozac）一样抵抗抑郁。最重要的是，锻炼能提高心率变异度的基准线，从而改善自控力的生理基础。神经生物学家在检查这些刚开始锻炼的人的时候，发现他们大脑里产生了更多的细胞灰质和白质。其中，白质能迅速有效地连通脑细胞。锻炼身体像冥想一样，能让你的大脑更充实、运转更迅速。前额皮质则是最大的受益者。

学生们听说这项研究的时候，提出的第一个问题就是："我需要锻炼多久？"我的回答通常是："你想锻炼多久？"如果你设定了一个目标，但一周都坚持不下来的话，那是毫无意义的。而且，对于究竟要锻炼多久，科学研究也没有达成共识。2010 年，一项针对 10 个不同研究的分析发现，改善心情、缓解压力的最有效的锻炼是每次 5 分钟，而不是每次几小时。所以，如果你只是花 5 分钟在小区里走走，也不用觉得不好意思。这样做的好处可能更多呢。

另一个大家都很关注的问题是："什么样的锻炼最有效？"我的回答是："你真的会去做什么样的锻炼？"身体和大脑是协调一致的。所以，只要是你想做的，就是最好的起点。整理花园、散步、跳舞、做瑜伽、团队运动、游泳、逗孩子、逗宠物，甚至是精神饱满地打扫房间或者逛商店，都可以是有效的锻炼途径。如果你坚信自己不适合运动，那么我建议你把运动的定义扩大一些。如果你对以下两个问题的回答都是否定的，那么它就是一项运动。一、你是坐着、站着不动或是躺着吗？二、你会边做边吃垃圾食品吗？

如果你找到了符合要求的运动，那么恭喜你，你已经找到了锻炼意志力的方法[①]。任何能让你离开椅子的活动，都能提高你的意志力储备。

意志力实验：5 分钟给意志力加油

如果你想立刻提高意志力，那么最好出门走走。科学家认为，5 分钟的“绿色锻炼”就能减缓压力、改善心情、提高注意力、增强自控力。“绿色锻炼”指的是任何能让你走到室外、回到大自然怀抱中的活动。好消息是，“绿色锻炼”有捷径可走。短时间的爆发可能比长时间的锻炼更能改善你的心情。你用不着大汗淋漓，也用不着精疲力竭。低强度的锻炼，例如散步，比高强度的训练有更明显的短期效果。以下是一些你在 5 分钟“绿色锻炼”中可以尝试的活动：

* 走出办公室，找到最近的一片绿色空间。
* 用 iPod 播放一首你最喜欢的歌曲，在附近街区慢跑。
* 和你的宠物狗在室外玩耍（你可以追着玩具跑）。
* 在自家花园里找点事情做。
* 出去呼吸新鲜空气，做些简单的伸展活动。
* 在后院里和孩子做游戏。

不爱锻炼的人如何转变观念

54 岁的安东尼是两家很棒的意大利餐厅的老板，他的医生推荐他来听我的课程。他的血压很高，胆固醇也很高，他的腰围每年都要增加 1 英寸。医

① 可能会有很多人觉得我是在开玩笑，但是我绝对是认真的。目前，只有14%的美国人达到了锻炼标准，而我也不相信每个人都准备去做马拉松训练。大量证据表明，只要做运动就要比什么都不做强。任何身体的活动都能让你受益，即便你不是穿着运动鞋或是挥汗如雨。——作者注

生警告他，如果他不改变自己的生活方式，搞不好哪天他在吃着小牛肉的时候就会心脏病爆发。

安东尼很不情愿地在办公室里放了台跑步机，但是效果甚微。他觉得，锻炼就是浪费时间，既枯燥无味又没有效果。而且，别人不停告诉他该做些什么，实在太烦人了！

但得知锻炼能增强脑力和意志力之后，安东尼对锻炼产生了兴趣。他是个很有竞争意识的人，不愿落后于他人。他开始把锻炼看成一种秘密武器，一件能让他克敌制胜的法宝。锻炼还能提高心率变异度，这对他的身体也很有益，因为心率变异度是衡量心血管疾病患者寿命长短的重要指标。

他把写着“意志力”的牌子贴到了跑步机卡路里计数器的位置，这样一来，跑步机就变成了他的意志力发动机（这家伙根本不在乎他燃烧了多少卡路里，他做饭时会想都不想就把一整勺黄油扔进锅里）。当他边跑边燃烧卡路里的时候，他的“意志力”指数攀升，他觉得自己变强大了。他每天早上坚持用跑步机给意志力加油，帮助自己面对一天里艰难的会议和漫长的工作。

意志力机器的确改善了安东尼的健康状况，这也是他的医生希望看到的。而且，安东尼也得到了他想要的东西。他觉得精力更充沛了，也更有控制感了。他原以为锻炼既浪费时间又浪费体力，但现在他发现，锻炼是件事半功倍的事。

如果你觉得锻炼太累了，或是没有时间锻炼，那么不妨将锻炼当作恢复体能和意志力的方法。

睡出意志力！

如果你每天睡眠时间不足 6 个小时，那你很可能记不起自己上一次意志力充沛是什么时候了。长期睡眠不足让你更容易感到压力、萌生欲望、受到诱惑。你还会很难控制情绪、集中注意力，或是无力应付“我想要”的意志力挑战。（在我的班上，总有一群人很赞同这个观点。那些人就是刚成为父母的人。）如果你长时间睡眠不足，你就可能在每天结束的时候觉得后悔，后悔自己又屈服于诱惑了，又把要做的事拖到了明天了。最后，你会感到羞愧难当，充满负罪感。很少有人不想变成更好的人，但很少有人会考虑怎么才能休息得更好。

为什么睡眠不足会影响意志力？一开始，睡眠不足会影响身体和大脑吸收葡萄糖，而葡萄糖是能量的主要存储方式。当你疲惫的时候，你的细胞无法从血液中吸收葡萄糖。细胞没能获得足够的能量，你就会感到疲惫。由于你的身体和大脑急需能量，你就开始想吃甜食，想摄入咖啡因。但即便你食用了糖类或咖啡，你的身体和大脑也没办法获得能量，因为它们无法对其有效利用。这对自控力来说可不是个好消息，因为自控会消耗你有限的脑力。

你的前额皮质同样急需能量，能量短缺会造成严重后果。睡眠研究人员甚至为这种状态起了个有趣的名字——“轻度前额功能紊乱”。睡眠不足会让你起床的时候大脑受损。研究表明，睡眠短缺对大脑的影响和轻度醉酒是一样的。我们都知道，在醉酒的状态下，人们毫无自控力可言。

前额皮质受损就会失去对大脑其他区域的控制。一般来说，它能让警报系统安静下来，从而帮你管理压力、克制欲望。但是，睡眠不足会让大脑的这两个区域之间出现连接问题。警报系统不再受到审查，因此它对所有普通的压力都会反应过度。这样，身体就会一直处于应激状态中，会释放大量的压力荷尔蒙，使心率变异度大大降低。结果就是，你压力越来越大，自控力越来越差。

但好消息是，这些反应都是可逆的。如果睡眠不足的人补上一个好觉，他的前额皮质就会恢复如初。实际上，他的大脑和休息良好的人的大脑会完全一样。研究不良癖好的科学家已经开始用睡眠来治疗药物滥用患者。在一项研究中，每天 5 分钟的冥想训练帮助患者恢复了睡眠，让他们每天的有效睡眠时间增加了 1 个小时，这就大大降低了他们旧病复发的概率。因此，如果你想获得更强的意志力，那就早点休息吧。

意志力实验：呼噜呼噜睡个觉

如果你现在缺乏睡眠，有很多方法都能帮助你恢复自控力。即使你不能每晚都连续睡上 8 小时，做一些小调整也会起到明显的效果。一些研究表明，一个晚上良好的睡眠就能帮助大脑恢复到最佳状态。所以，如果你已经一周都晚睡早起了，那么周末补个好觉就能让你恢复意志力。其他研究指出，一周的前几天睡些好觉能帮你储备能量，这样就能对付后几天的睡眠不足了。另外还有一些研究表明，最重要的指标是你连续清醒的时间。即便你前一晚没有睡好，打个小盹儿也能让你重新集中注意力、恢复自控力。你可以尝试补觉、储存睡眠，或是打个小盹儿，这些策略都有助于减少睡眠不足带来的危害。

当睡眠成了意志力挑战

我的学生丽莎想要改掉晚睡的习惯。29 岁的丽莎单身、独居，这就意味着没人能帮她制订睡眠计划。她每天早上起来的时候筋疲力尽，白天浑浑噩噩地在办公室里混日子，要靠含有咖啡因的无糖苏打水撑过一天。令她感到尴尬的是，有时候开着会她就会睡过去。下午 5 点的时候，她既兴奋又疲惫，这种感觉让她脾气暴躁、无法集中注意力、很想吃外带快餐。在第一周的课上，她就告诉大家，她的意志力挑战就是早点睡觉。

在下一周的课上，丽莎说自己毫无进展。在晚餐时间，她对自己说：“我今晚一定能早点睡觉。”但是到了晚上 11 点，她的这种决心就不知道跑到哪里去了。我让丽莎描述一下她为什么没能早点睡觉。她告诉我，越是到了晚上，她就越觉得有无数事情需要马上处理。浏览社交网站、清理冰箱、删除垃圾邮件、看试用品广告——这些事没一件是真正紧急的，但一到深夜，这些事就莫名地给她压迫感。丽莎在睡前陷入了“再做一件事”的状态。夜越深，丽莎就越疲惫，越无法抵抗完成任务带来的短暂快感。

如果我们将“获得更多睡眠”定义为“我不要”的意志力挑战，那么事情就说得通了。真正的问题并不是强迫自己去睡觉，而是远离那些让自己没法睡觉的事。丽莎给自己定了一个规矩，11 点前要关掉电脑和电视，而且不能再开始新的工作。这个规矩才是丽莎真正需要的，因为这样她就能感觉到自己有多疲惫了，也就可以在午夜之前入睡了。之后，丽莎每晚都能睡 7 个小时。她发现，试用品广告和其他晚间诱惑都失去了吸引力。不过几周的时间，她已经有能量应对下一个意志力挑战了——戒掉无糖苏打水和外带快餐。

如果你明知道自己能获得更多的睡眠，却没法早点入睡，那就不要想睡觉这件事，想一想你到底对什么说了“我想要”。这个意志力法则同样适用于你想逃避或拖延的事——当你不知道自己想做什么的时候，你或许需要知道自己不想做什么。

自控力太强的代价

意志力本能是个奇妙的东西：因为大脑辛勤工作，身体积极配合，所以你能根据长远目标做出决定，而不会被恐慌或及时行乐所左右。但自控力也是有代价的。集中注意力、权衡目标、缓解压力、克制欲望等所有这些脑力工作都需要能量，真正的身体能量。这就好比，在紧急情况下，肌肉需要能量逃跑或战斗。

大家都知道，压力过大会影响身体健康。如果你长时间处于压力状态下，身体就会不停地把能量转移到应对突发状况上。这些能量本应服务于更长期的需求，比如消化、繁殖、治愈创伤、对抗疾病。这就是为什么慢性压力会演变成心血管疾病、糖尿病、慢性背痛、不孕不育、感冒和流感。实际上，你根本不需要对这些司空见惯的压力做出应激反应。但只要你的大脑不停地识别出外在威胁，你的身心就会始终处于高度紧张、冲动行事的状态。

因为自控需要大量能量，很多科学家都认为，长时间的自控就像慢性压力一样，会削弱免疫系统的功能，增大患病的概率。意志力过强会有害身体健康？你可能是第一次听说吧。你现在肯定会想：那你在第一章里为什么还要说意志力对健康有多么重要？为什么你现在又告诉我自控力对健康有害？好吧，或许这两个说法都对。正如适度的压力是有意义的健康生活不可缺少的一部分，适当的自控也是必需的。但是正如慢性压力会影响健康一样，试图控制所有的思想、情绪和行为也是一剂毒药，会给你带去过重的生理负担。

自控和压力反应一样，都是颇具技巧性的应对挑战的策略。但和压力的道理一样，如果我们长期地、不间断地自控，就很有可能遇上麻烦。我们需要时间来恢复自控消耗的体力，有时也需要把脑力和体力消耗在别的方面。为了能够保持健康、维持幸福生活，你需要放弃对意志力的完美控制。即便你增强了自己的意志力，你也不可能完全控制自己想什么、感觉什么、说什么或者做什么。你需要明智地使用意志力的能量。

意志力实验：放松能让你恢复意志力储备

从压力和自控力中恢复的最佳途径就是放松。放松，即便只放松几分钟，都能激活副交感神经系统，舒缓交感神经系统，从而提高心率变异度。它还能把身体调整到修复和自愈状态、提高免疫功能、降低压力荷尔蒙分泌。研究表明，每天抽出时间来放松一下，能保护你的身体，同时增强你的意志力储备。比如，对于下面两个意志力挑战，会放松的人会有更健康的生理反应。一是大脑注意力测试，二是疼痛忍耐度测试（把一只脚浸入 4 摄氏度的水中——读者朋友们千万不要尝试）。通过深呼吸和休息来放松的运动员能更快从难熬的训练中恢复过来，同时减少压力荷尔蒙的释放，减少身体的有氧性损伤。

我现在说的“放松”不是让你对着电视机呆坐，或者喝着红酒饱餐一顿。能提高意志力的“放松”是真正意义上的身心休整。哈佛医学院心脏病专家赫伯特·本森（Herbert Benson）称之为“生理学放松反应”。你的心率和呼吸速度会放缓，血压会降低，肌肉会放松。你的大脑不会去规划未来，也不会去分析过去。

想要激发这种放松反应，你需要躺下来，用枕头垫着膝盖，腿稍稍抬起（或者，你可以选择任何一个你觉得舒服的姿势）。闭上眼睛，做几次深呼吸，感觉你的腹部有起伏。如果你觉得身体某处很紧张，你可以有意识地挤压或收缩肌肉，然后就不要再去管它了。比如，如果你发现手掌和手指很紧张，那么就攥一下拳头，然后张开手掌。如果你发现前额和下巴很紧张，那么就挤挤眼、皱皱眉，然后张大嘴巴，放松整个面部。保持这种状态 5～10 分钟，试着享受这种除了呼吸什么都不用想的状态。如果你担心会睡着，那就先设定好闹钟。

你可以把这当成一项日常练习。尤其是当你处于高压环境中或者需要意志力的时候，都可以做这个练习。放松会让你的生理机能得以恢复，同时消除慢性压力和自控带来的影响。

充满压力的国度

很多人对意志力的理解是这样的：它是一种个人特征、一种美德、一种你可能有也可能没有的东西、一种面临困境时突然爆发出的力量。但从科学的角度来说，并不是这样的。意志力是一种不断进化的能力，是每个人都有的本能。它详细地记录了身体和大脑的状态。但我们也发现，如果陷入压力或抑郁，人的大脑和身体就可能互不协调。意志力会受到多方面的影响，比如睡眠不足、饮食不良、久坐不动和各种消耗能量的事情，或是身心长期处于压力状态之下。对每一位坚信意志力是态度问题的医生、饮食顾问和爱唠叨的另一半来说，这项研究会告诉他们事情的真相。的确，你的态度很重要，但你的身体也不能掉链子。

科学洞见也告诉我们，压力是意志力的死敌。但很多时候，我们都以为压力是解决问题的唯一途径。有时，我们甚至想方设法增加自己的压力，比如拖到最后一分钟、批评自己太懒、说自己没有自控力，以此来激励自己。或者，我们会通过对别人施加压力来敦促他人，比如调高办公室空调的温度，或在家里绷着一张脸。这在短期内可能有效，但从长远的角度看，没有什么比压力更消耗意志力了。压力和自控的生理学基础是互相排斥的。应激反应和“三思而后行”反应都能帮助我们管理能量，但是它们会将能量和注意力引向不同的方向。应激反应让身体获得能量、按照本能行事。这些能量不会流入大脑，因此你也就无法做出明智的决定。“三思而后行”反应将这些能量输送进大脑——不是大脑所有的区域，而只是负责自控的前额皮质部分。压力让你关注即时的、短期的目标和结果，自控力则需要你的大脑有更广阔的视野。学会如何更好地管理压力，是提高意志力的重要组成部分。

近些年来，很多颇具影响力的权威人士称美国已经丧失了群体意志力。他们说，如果这是真的，绝不是因为美国核心价值观的缺失，而是因为当今社会越来越大的压力和越来越严重的恐慌情绪。2010 年，美国心理学协会调查发现，75% 的美国人处在高压之中。回想一下近 10 年来的各种事件，从恐怖袭击和流感疫情，到环境灾难、自然灾难和失业，再到最近的经济崩溃，这个结果并不让人吃惊。耶鲁大学医学院的研究人员发现，在 2001 年"9·11"后的一周里，病人的心率变异度急剧降低。我们遭受了沉重的打击，所以"9·11"后数月内饮酒、吸烟、吸毒比例急剧升高都不足为奇。在 2008 年和 2009 年经济危机严重时，同样的情况再次发生。据报道，美国人应对压力的方式主要是沉溺于垃圾食品，而烟民更是变本加厉地抽烟，甚至放弃了戒烟的念头。

美国也越来越缺少睡眠。2008 年，国家睡眠基金通过研究发现，与 1960 年相比，美国成年人每晚平均少睡 2 个小时。睡眠习惯很可能降低整个国家的自控力和注意力。一些专家认为，平均睡眠时间的减少是肥胖率上升的原因之一。睡眠不足会影响大脑和身体吸收能量，因此睡眠时间不足 6 小时的人肥胖概率更高。研究人员还发现，睡眠过少会导致无法控制冲动和无法集中注意力，这和注意力缺陷与多动症很类似。儿童多动症的概率急剧攀升很可能和这种睡眠习惯有关，因为儿童往往受成人睡眠习惯的影响，而且儿童需要更多的睡眠。

如果我们想更好地应对挑战，就需要更有效地管理压力、照顾自己。疲惫不堪、处于高压之中的人会有明显的劣势，而我们却是一个疲惫不堪、处于高压之中的国家。我们的坏习惯（比如过度饮食和睡眠不足）不仅反映了我们缺乏自控力，还消耗了我们的体力，带来了更多的压力，偷走了我们的自控力。

深入剖析：压力和自控

本周，我们研究了自控力的死敌——压力，心理上或生理上的压力。担忧和过度工作是如何影响你的选择的？饥饿和疲劳会不会消耗你的意志力？身体疼痛或疾病会不会消耗你的意志力？愤怒、孤单或悲伤的情绪会不会消耗你的意志力？试着找出持续一整天或一整周的压力，看看它对你的自控力产生怎样的影响。你有过强烈的欲望吗？你发脾气了吗？你把要做的事拖到了明天吗？

写在最后的话

当我们面对的意志力挑战过于强大时，我们很容易给自己下这样的结论——我是个软弱、懒惰、毫无意志力的废物。但通常的情形是，我们的大脑和身体并未处于自控状态。当我们处在慢性压力中时，迎接意志力挑战的是最冲动的自己。想要赢得意志力挑战，我们需要调整到正确的身心状态，用能量去自控，而不是自卫。这就意味着，我们需要从压力中恢复过来，保证有能量做最好的自己。

本章总结

核心思想：意志力是种生理本能，它和压力一样，通过不断进化来保护我们不受自身伤害。

深入剖析：

· 什么是威胁？对你的意志力挑战来说，什么是需要克制的内在冲动？

· 压力和自控。试着找出持续一整天或一整周的压力，看看它对你的自控力产生怎样的影响。你有过强烈的欲望吗？你发脾气了吗？你把要做的事拖到了明天吗？

意志力实验：

· 呼吸出你的自控力。把你的呼吸降到每分钟 4 ～ 6 次，将身体调整到适合自控的生理状态。

· 5 分钟给意志力加油。出门活动，哪怕只是在周围转转，也能减少压力、改善心情、提供动力。

· 睡眠。打盹或补觉可以消除睡眠不足的影响。

· 放松能让你恢复意志力储备。躺下，深呼吸，让“放松的生理反应”帮你从自控和压力造成的疲惫中恢复过来。

[illegible][illegible]无力抵抗

以下场景在美国的大学校园里都能见到：面容憔悴的学生在书桌前、电脑前昏昏欲睡。他们像僵尸一样，在校园里到处搜寻咖啡因和甜食。健身房里空空荡荡，宿舍床上也没有人影。这就是每学期最后一周的期末考试周。在斯坦福大学，这段时间被称为“死亡周”。学生的脑子里塞满各种定律和公式，他们开夜车，强迫自己努力学习，只有这样才能补上因为10周的宿舍狂欢和打高尔夫而落下的功课。但研究表明，这些无畏的努力是需要付出代价的（不仅仅是半夜外送的比萨和价格不菲的速溶咖啡）。在期末考试期间，很多学生几乎除了学习以外什么事情都控制不了。他们烟抽得更多了，还放弃了吃蔬菜沙拉，吃了更多的法式炸薯条。他们的情绪更容易爆发，也更可能发生自行车事故。他们不洗澡、不刮胡子，也不怎么换衣服。我的天啊，他们甚至都不用牙线了。

我们现在面对的是最稳固，也最令人困扰的自控力问题——意志力消失殆尽。24小时没有吸烟的戒烟者可能大吃一顿冰激凌。在耐力测试中，那些忍住没喝最喜欢的鸡尾酒的人，显得身体十分虚弱。更让人不安的是，正在节食的人可能会背着配偶偷情！似乎我们只有一定量的意志力，一旦你将它消耗殆尽，你在诱惑面前就会毫无防备力，至少会处于下风。

这个发现对你的意志力挑战有重要的启发。现代生活时刻需要自控，但这会榨干你的意志力。研究人员发现，人们早晨的意志力最强，然后意志力随着时间的推移逐渐减弱。当你遇到重要的事情时，比如下班之后去健身、处理重大项目、看见孩子往沙发上乱涂乱抹还要保持冷静、远离藏在抽屉里的备用香烟时，你会发现自己毫无意志力。而且，如果你想立即控制自己或是改变太多事情，你就可能彻底消耗掉自己的体力。这些失败并不说明你的品德有问题，这是意志力的天性。

自控的肌肉模式

罗伊·鲍迈斯特（Roy Baumeister）是佛罗里达州立大学的心理学家，也是第一位系统观察和测量意志力极限的科学家。他在研究令人困惑的问题方面颇有声望。他研究的问题包括：为什么锦标赛期间球队会在主场出现劣势？为什么陪审团更容易认为长相较好的罪犯无罪？[①] 他的研究触角甚至伸向了邪恶的宗教仪式、性虐待和外星人绑架——这些都是会吓跑大多数研究人员的课题。不过，你可能会说，他最可怕的发现与神秘现象毫无关系，与普通人的人性弱点倒是很有关系。在过去的 15 年里，他让人们在实验室中用意志力拒绝饼干、排除干扰、抑制怒火、把胳膊浸入冰水里。他通过数不清的实验发现，无论他给被试者布置怎样的任务，人们的自控力总会随着时间的推移而消失殆尽。一旦时间过长，注意力训练就不仅会分散注意力，还会耗尽身体的能量。控制情绪不仅会导致情绪失控，还会促使人们购买他们本不需要的东西。抵抗甜食的诱惑不仅会让人更想吃巧克力，还会导致拖延症。似乎人们每一次动用意志力都是从同一个来源汲取力量。所以，每次成功自控之后，人们就会变得更虚弱无力。

在观察之后，鲍迈斯特做出了一个有趣的假设：自控力就像肌肉一样有极限。它被使用之后会渐渐疲惫。如果你不让肌肉休息，你就会完全失去力

① 你对这些问题感到好奇吗？在激烈的比赛中，运动员在家乡观众面前更容易关注自身表现，这就影响了他们对比赛做出本能反应。陪审团更容易认为有魅力的人大多是“好人”，认为是外在因素导致了他们的“坏行为”。这就证明了，法律中的“合理怀疑”（reasonable doubt）是很有用的。——作者注

量，就像运动员把自己逼到筋疲力尽时一样。基于这个假设，鲍迈斯特实验室和其他研究团队都证明了意志力是有限的。试图控制你的脾气、按照预算支出、拒绝成为第二名，都是从同样的来源获取能量的。而且，因为每次使用意志力它都会有消耗，所以自控可能会导致失控。工作时忍着不闲聊，会让人更难抵挡甜点的诱惑。即使你拒绝了那份诱人的提拉米苏，你也会发现，回到办公桌后很难集中精力做事。当你开车回家的时候，旁边车道的讨厌鬼因为看手机差点撞上你。那时，你的情绪就会一下子爆发出来。你会隔着窗户朝他大喊，叫他最好在手机里设定报警电话。就是嘛，这个讨厌鬼！

很多你认为不需要意志力的事情，其实都要依靠这种有限的能量，甚至要消耗能量。比如，试图打动约会对象、融入一家企业文化和你价值观不符的公司、在糟糕的路况中上下班，或者是干坐着熬过无聊的会议，都是如此。每当你试图对抗冲动的时候，无论是避免分散意志力、权衡不同的目标，还是让自己做些困难的事情，你都或多或少地使用了意志力。甚至很多微小的决定也是这样，比如在超市的 20 个牌子里挑出你想要的洗衣粉。如果你的大脑和身体需要停下来思考一下再做决定，你就是在拉伸像肌肉一样有极限的自控力。

这种模式既让人安心，也令人泄气。令人欣慰的是，不是每次意志力失败都表明我们先天不足。因为有的时候，这其实证明了我们付出了太大的努力。虽然想着“我们不能期待自己是完美无缺的”会给人安慰，但这项研究也指出了很多重要的问题：如果意志力是有限的，那是不是说我们努力实现最重要的目标注定会失败？我们生活的社会几乎每时每刻都要求我们做到自控，那是不是说我们注定成为毫无意志力的僵尸，漫无目的地游走于世间，只为寻求一时之快？

幸好，我们能通过一些方法克服意志力枯竭，同时提高自控的能力。这是因为，肌肉模式不仅有助于我们了解为什么自己疲惫的时候会失败，还告诉我们应该如何训练自控力。我们首先要思考的问题是，为什么意志力会疲惫。然后，我们要向耐力十足的运动员学习（他们经常透支体能），寻找增强自控力的方法。

深入剖析意志力：意志力波动

意志力的肌肉模式告诉我们，自控力从早上到晚上会逐渐减弱。这一周，试着观察自己在什么时候意志力最强，在什么时候最容易放弃。你是不是起床的时候意志力十足，但这种意志力慢慢会消耗殆尽？或者，你有没有在其他时候觉得自己恢复了意志力，觉得神清气爽？你可以通过了解自己来更明智地规划日程，以便在意志力耗尽的时候克制住自己。

未来的企业家把最重要的事放在第一位

苏珊早上 5 点半起床，之后的第一件事就是坐在厨房的餐桌旁看工作邮件。她会花上 45 分钟时间边喝咖啡边回复邮件，确定自己这一天首先要做的事。之后，她花 1 个小时去公司，再花 10 个小时上班。她是一家大型商业航运公司的大客户经理，她的工作需要很大的耐性——很多冲突需要她去协商，她需要时刻保持镇静，而且她还要到处去“救火”。到了下午 6 点，她已经筋疲力尽了。但她仍然觉得自己不得不加班，或是和同事出去吃饭喝酒。苏珊想创立自己的咨询公司，并在资金和专业知识方面做着准备。但她在很多个晚上都疲惫不堪，没有办法筹划自己的事业。她很担心自己会被困在现有的职业里，从此止步不前。

苏珊分析了自己如何分配意志力。她发现，从早起查收邮件到漫长的下班之路，自己的意志力百分之百都用在了工作上。在餐桌旁查看邮件的习惯是在她刚入职时养成的，那时候，她希望能超过老板的预期。但现在，这些邮件完全可以等她 8 点到办公室之后再查收。苏珊认为，一天中唯一可能专注自己事业的时候就是在上班之前。所以，她开始用起床后的 1 个小时筹划自己的公司，而不是做其他的事。

苏珊的决定是明智的，她把意志力用在了刀刃上。这同样证实了一个重要的意志力规则：如果你觉得自己没有时间和精力去处理“我想要”做的事，那就把它安排在你意志力最强的时候做。

为什么自控力存在局限？

很明显，我们的肱二头肌下面没有真正的“自控力肌肉”，阻止我们向甜点和钱包伸手。但是，我们的大脑里确实存在类似“自控力肌肉”的东西。虽然大脑是一个器官，是一块肌肉，但反复自控还是会让大脑疲惫。神经科学家发现，每次使用意志力之后，大脑的自控力系统活跃程度就会降低。正如疲惫的双腿会放弃跑动一样，你的大脑也会罢工。

马修·加略特（Matthew Gailliot）是一名年轻的心理学家，他和鲍迈斯特一起工作。他很好奇大脑疲惫是不是因为缺少能量。自控对于大脑来说需要很多能量，但我们体内的能量供应是有限的。毕竟，我们无法用静脉注射的方法给前额皮质输送糖分。加略特想，大脑能量耗尽是否直接导致了意志力的枯竭？

为了找到答案，他决定做一个测试，看看是不是以糖分的形式提供能量，就能让人恢复意志力。他把人们带进实验室，布置了一系列自控力任务，比如集中注意力和控制自己的情绪。他在做每个任务前后分别测量人们的血糖含量。被试者在完成任务后血糖含量降得越多，他们在下一个任务中表现得就越差。看起来，自控消耗了身体的能量，而能量的消耗又削弱了意志力。

于是，加略特给这些意志力耗尽的被试者每人一杯柠檬水。一半人拿到的是含有糖分的柠檬水，他们恢复了血糖含量。另一半人拿到的是“安慰柠檬水”，它的甜味是人工调制的，不能提供有用的能量。令人惊讶的是，提高血糖含量让人们恢复了意志力。喝到含糖柠檬水的被试者表现出了更强的意志力，而喝到“安慰柠檬水”的人意志力继续减弱。

看起来，低血糖能解释很多意志力失效的情况，比如在一项困难的测试中半途而废，或是生气时冲别人大喊大叫。加略特现在是土耳其高峰大学（Zirve University）的教授，他发现，低血糖人群更可能墨守成规，更不喜欢为慈善事业捐款或帮助陌生人。似乎能量不足让我们变得更糟糕。相反，给被试者一块糖就能让他们进入最好的状态，变得更有毅力，更不容易冲动，更体贴，更关心他人。

你不难想象，在我提到过的所有发现里，这绝对是最受学生好评的一个。因为这项发现虽然看似违反常理，但却令人雀跃。糖一下子成了你最好的朋友。吃块糖，喝点苏打水，原来能增强自控力，或者至少能让你恢复自控力！我的学生太喜欢这项研究了，他们迫不及待地要亲自尝试一下。一个学生通过不停吃彩虹糖完成了一个有难度的项目，另一个学生口袋里揣着欧托滋（一种含真正糖分的薄荷糖）撑过漫长的会议。他们将科学转化为行动，我得为这样的热情鼓掌！而且，我也能理解他们对甜食的热爱。我必须承认，这几年我总是带些糖到心理学概论的课上，希望本科生能多集中注意力，少上些 Facebook[①]。

如果糖分真是意志力的关键，我肯定已经写了不少畅销书，而且有很多想和我合作的赞助商了。但是，当我和学生们开始进行这项意志力补充实验

① 到底给学生发糖果管不管用呢？我不能完全确定。不过，学生在季末课程评估时倒是给了我不错的分数。——作者注

的时候，包括加略特在内的一些科学家开始提出一些很好的问题：到底我们在自控的时候消耗了多少能量？恢复能量是否真的需要消耗那么多糖分？宾夕法尼亚大学心理学家罗伯特·科兹本（Robert Kurzban）认为，自控时大脑每分钟需要的能量不会超过跑酷运动所需能量的一半。自控可能比大脑处理其他问题时所用的能量多，但远远低于身体运动时所需的能量。如果你有体力在小区里散步，那么自控绝对不会耗尽你身体所有的能量储备，也不需要你喝一杯 100 卡路里的含糖饮料来补充体能。那么，自控时大脑消耗的能量为何能如此迅速地耗尽意志力呢？

能量危机

要回答这些问题，我们就要回想一下美国 2009 年的银行危机。2008 年金融危机爆发之后，银行得到了政府的大量资金援助。这些资金本应用来帮助银行履行自己的金融义务，以便它们重新开始放贷。但银行不愿将钱借给小型企业或个体经营者，它们对这些人的资金偿还能力没有足够信心，所以把这些资金囤积起来了。银行真是些小气鬼！

事实上，你的大脑可能也是个小气鬼。在某个特定时刻，大脑只能提供很少的能量。它可以在细胞中储存一些能量，但这部分能量主要依赖血液中不断流动的葡萄糖。当大脑发现可用能量减少时，它便会有些紧张——如果出现能量不足怎么办？和银行一样，它也会决定不再支出，决心保存资源。它会削减能量预算，不再支出所有的能量。第一项要削减的开支是什么？对了，就是自控。因为，自控是所有大脑活动中耗能最高的一项。为了保存能量，大脑不愿意给你充足的能量去抵抗诱惑、集中注意力、控制情绪。

南达科他大学的研究员 X.T. 王（X.T. Wang）是一位行为经济学家，他和心理学家罗伯特·德沃夏克（Robert Dvorak）一起提出了自控的“能量预算”模型。他们认为，对大脑来说，能量就是金钱。资源丰富的时候，大脑会支出能量；当资源减少时，它就会保存能量。为了验证这一观点，他们邀请了65个19～51岁年龄不等的成年人来到实验室，测试他们的意志力。被试者需要做出一系列二选一的抉择，比如，是明天拿120美元还是一个月后拿450美元。其中一个选项奖励虽少，但获取的时间更短。心理学家将此视为经典的自控力测试，因为它让人们在短期利益和长期利益之间做出选择。研究结束后，被试者有机会获得他们选择的一项奖励。这是为了促使他们按照自己的真实想法做选择。

在做选择之前，研究人员测量了被试者的血糖含量，这是自控力可用"资金"的基本点。在第一轮选择后，被试者会得到一杯普通的含糖苏打水（可以提高血糖含量）或零卡路里的无糖苏打水。研究人员再次测量血糖含量，并让被试者做出另外一些选择。喝过普通苏打水的被试者血糖含量明显升高，他们更可能选择时间更长、奖励更多的选项。相反，喝过无糖苏打水的被试者血糖降低[①]，他们更可能选择时间更短、奖励更少的选项。重要的是，能预测被试者选择结果的并不完全是血糖含量，而是血糖的变化方向。大脑会问："可用能量是在增加还是在减少？"然后，它会做出支出或保存体力的战略性决定。

饥饿难耐的人不该拒绝零食

大脑在能量降低时拒绝自控或许还有别的原因。我们的大脑和我们所处的进化环境很不一样，人类自身的食物供应情况是难以预测的。（还记得我们在塞伦盖蒂大草原上到处搜寻鬣狗尸体吧？）德沃夏克和王认为，现代人

① 这就是为什么很少有人知道无糖苏打水会导致饥饿、暴饮暴食和体重增加。甜味会刺激身体从血液中吸收葡萄糖，因为身体认为会在那里得到更多的血糖补充。但当你缺少能量、没有自控力的时候，你的身体和大脑会想"血糖补充在哪呢？"这就是为什么近期研究显示，无糖苏打水销量上升和体重增加很有关系。——作者注

的大脑可能仍把血糖含量作为资源稀缺或资源充足的标志。灌木丛中是浆果满盈，还是寸草不生？晚餐是会从天而降，还是需要我们苦苦搜寻？是每个人都有足够的食物，还是我们需要和体型更大、速度更快的捕食者抢吃的？

回到大脑成形阶段，血糖含量降低和你能不能获得食物有关系，和你用前额皮质的能量拒绝一块饼干则没什么关系。如果你有一会儿没吃东西，你的血糖含量就会降低。对检测能量的大脑来说，你的血糖含量就是一项指标。当你无法很快找到食物的时候，血糖含量能预测你还有多久会被饿死。

资源不足时，大脑会选择满足当下的需求；资源充足时，大脑则会转向选择长期的投资。在一个无法预测食物供应的世界里，这是绝对的优点。那些过很久才有饥饿感的人，或是那些抢饭时文质彬彬的人，最后会发现什么都没被剩下。在食物匮乏的时代里，听从胃口的指示、冲动行事的人更可能活下来。那些愿意冒险的人，无论是去发现新大陆，还是去尝试新事物或新配偶都是最有可能生存下来的，或者至少能让他们的基因留存下来。现代社会中出现的失控实际上是大脑战略性冒险本能的延续。为了不至于被饿死，大脑决定冒更大的风险，处于一种更冲动的状态。实际上，研究表明，现代人在饥饿的时候更愿意冒险。比如，人们饥饿的时候会做出更冒险的投资，在节食后会更愿意“尝试多种交配策略”（这是进化心理学家的术语，实际上指的是背着自己的伴侣偷情）。

不幸的是，在现代西方社会，这种本能已经没什么好处了。身体内部的血糖含量变化不再是饥荒的前兆，也不会让人因为怕活不过冬天而着急留下自己的基因。但是，当你的血糖含量降低时，你的大脑仍旧会考虑短期的感受，会去冲动行事。大脑的首要任务是获得更多能量，而不是保证你做出明智的决定，实现你的长远目标。这就意味着，股票经纪人可能在午餐前买进错误的股票，节食者更容易去“投资”彩票，不吃早餐的政客可能觉得实习生魅力难挡。

意志力实验：意志力饮食方案

是的，突然增加的糖分会让你在短期内面对紧急情况时有更强的意志力。但从长远来说，过度依赖糖分并不是自控的好方法。处在压力环境中的人很容易选择经过复杂加工、高脂肪、高糖分的“安慰”食物，但这样做终将摧毁自控力。从长远来看，血糖突然增加或减少会影响身体和大脑使用糖分的能力。这就意味着，你身体中的含糖量可能很高，但却没有多少能量可用，就像美国数百万 2 型糖尿病患者[①]一样。更好的方法是保证你的身体有足够的食物供应，这样能给你更持久的能量。大多数心理学家和营养学家推荐低血糖饮食，因为它能让你的血糖稳定。低血糖食品包括瘦肉蛋白、坚果和豆类、粗纤维谷类和麦片、大多数的水果和蔬菜。基本上，只要是看起来处于自然状态的食物，以及没有大量添加糖类、脂肪和化学物品的食物都行。或许调整饮食也需要自控力，但哪怕你只做了一点改善（比如，每个工作日都吃一顿丰盛健康的早餐，而不是什么都不吃；吃零食时选择坚果，而不选择糖果），你获得的意志力都会比你消耗的多。

训练“意志力肌肉”

无论是举杠铃来塑造肱二头肌，还是发短信来训练大拇指，只要通过训练，你身上所有的肌肉都能变得更强健。如果自控力是肌肉的话（仅仅是比喻意义上的肌肉），我们也应该能训练它。锻炼身体可能让你的自控力肌肉感到疲惫，但经过一段时间的锻炼，它肯定能变得更强健。

① 事实上，2型糖尿病和慢性低血糖的症状几乎一样，都是由身体和大脑不能有效利用可用能量造成的。这也可以解释为什么病情失控的糖尿病患者就像自控力失效、前额皮质受损了一样。——作者注

研究人员已经把这个想法融入了意志力训练体系。我们说的不是军训，也不是断食法。这种锻炼的方法更简单——让人们控制自己以前不会去控制的小事，以此来训练自控力肌肉。比如，在一个意志力训练项目中，被试者需要自己设定一个期限，并在规定时间内完成任务。你可以用这种方法对付你一直拖着不做的事，比如清理壁橱。你设定的期限可能是：第一周，打开柜门，看着一堆乱七八糟的东西；第二周，整理好挂在衣架上的东西；第三周，扔掉所有在里根政府上台前买的衣服；第四周，看看慈善商店还要不要旧东西；第五周，成果自见分晓。当被试者给自己设定了 2 个月的期限后，他们不仅会清理壁橱、完成项目，还会改善饮食习惯、勤加锻炼、戒掉香烟、酒精和咖啡因，就像是他们的自控力肌肉更强健了一样。

另一些研究发现，在一些小事上持续自控会提高整体的意志力。这些小事包括改变姿势、每天都用力握一个把手、戒掉甜食、记录支出情况。虽然这些小小的自控力锻炼看起来无关紧要，但它们却能让我们应付自己最关注的意志力挑战，比如集中注意力工作、照顾好自己的身体、抵制住诱惑、更好地控制情绪。一个由西北大学心理学家团队牵头的项目还研究了两周的意志力训练能否降低对爱侣的暴力倾向①。他们给 40 个成年人（年龄从 18 岁到 45 岁不等，但全部处于恋爱中）分配了三种不同的环境。第一组被试者需要用不常用的一只手吃饭、刷牙、开门。第二组被试者不许轻易发誓，必须说“好的（yes）”而不是“好（yeah）”。第三组没有任何要求。两周后，在怒火中烧或觉得没有被伴侣尊重时，处于自控环境中的前两组被试者已经不太容易出现暴力反应了。但是第三组的反应毫无变化。我们都知道，人们一旦失控或怒火中烧，会做出很多让自己后悔的事，即便你本身并没有暴力

① 这个研究团队同时还负责一个我认为很有创意的项目，即研究人与人之间的攻击性问题。科学家不能让被试者在实验室里动手打自己的伴侣，但他们仍然需要观察具有攻击性的行为。所以在一项研究中，这些研究人员要求被试者为伴侣选择一个最不舒服的瑜伽姿势，并决定让他们保持多长时间。——作者注

倾向。

这些研究中训练的“肌肉”不是为了让你在规定期限前完成任务、用左手开门或不说脏话，而是让你养成习惯、关注自己正在做的事情、选择更难的而不是最简单的事。通过每一次意志力练习，大脑开始习惯于三思而后行。这些任务中的微小细节也会影响整个过程。这些任务具有挑战性，但不是不可战胜的。自我约束需要集中注意力，所以不太会产生严重的疲劳感。（“你为什么不让我说‘好’？不说这个字我根本活不下去！”）因此，被试者能通过看似不重要的意志力挑战来训练“自控力肌肉”，同时不用担心自己无法坚持到底。

意志力实验：锻炼意志力

如果你想有一套属于自己的意志力训练方法，不妨试一试下面几个“自控力肌肉”锻炼模式。

* **增强“我不要”的力量：**不随便发誓（或者不说某些口头禅）、坐下的时候不跷脚、用不常用的手进行日常活动，比如吃饭和开门。

* **增强“我想要”的力量：**每天都做一些事（但不是你已经在做的事），用来养成习惯或不再找借口。你可以给母亲打电话、冥想 5 分钟，或是每天在家里找出一件需要扔掉或再利用的东西。

* **增强自我监控能力：**认真记录一件你平常不关注的事，可以是你的支出、饮食，也可以是你花在上网和看电视上的时间。你不需要太先进的工具，铅笔和纸就够了。但如果你需要一些激励的话，“量化自我”运动（www.quantifiedself.com）已经把“自我记录”变成了一门科学和一种艺术。

你可以选一个和自己面对的意志力挑战有关的练习。比如，如果你的目标是存钱，那么你就需要记录支出情况。如果你的目标是多锻炼，那么你每天早上洗澡之前就要做 10 个仰卧起坐或俯卧撑。即便你的实验结果不会直接服务于你的目标，自控力肌肉模式也会告诉我们，即使是以看似最愚蠢、最简单的方式每天锻炼意志力，也能为你的意志力挑战积攒能量。

糖果瘾君子战胜嗜甜症

38 岁的吉姆是一位自由职业图形设计师，他说自己生来嗜糖如命，没有哪种糖豆是他不喜欢的。我在课上提到过，如果一个人能抵抗诱惑的话，把糖放在视线内能提高这个人的意志力。吉姆对此非常感兴趣。他在家里工作，经常在他的办公室和其他房间之间穿梭。他决定在玄关处放一个装满糖豆的玻璃罐，这样他每次进出办公室都能看到它。他不是完全戒掉吃糖，但他给自己定的规矩是“不吃罐子里的糖”，以此来锻炼他的“自控力肌肉”。

第一天的时候，他本能地把糖豆放进嘴里，而且很难停下这种冲动。但是一周后，拒绝糖豆变得容易了很多。看到糖豆的时候，他会想到自己的目标是锻炼“我不要”的力量。他对自己取得的进步感到很吃惊，于是，为了获得更多的锻炼机会，他开始更频繁地经过糖果罐。开始的时候，吉姆很担心这种看得见的诱惑会耗尽他的意志力，但后来他发现，整个过程中自己都精力充沛。当他拒绝了糖果罐返回办公室的时候，他觉得自己动力十足。吉姆觉得很惊讶，他没有想到，自己曾以为完全控制不了的事竟能在这么短的时间里有了改变。而他做的不过是给自己设定了一个很小的挑战目标而已。

如果你想彻底改变旧习惯，最好先找一种简单的方法来训练自控力、提高意志力，而不是设定一个过高的目标。

自控力是否真的有“极限”？

无论你是想寻找科学依据，还是回头看自己的生活经历，你都会发现，人类的意志力是有极限的。但有一个问题尚不明确——我们到底是没了力量，还是没了意志？是不是戒烟的人真的不可能严守开支预算？是不是节食的人真的不可能抵挡风流韵事？困难的事和不可能做到的事是有区别的，但自控力的极限在这两种事上都有反映。要回答这个问题，我们就要回想一下“自控力肌肉”这个比喻，看一看为什么你胳膊和腿上的肌肉会疲惫。

冲过终点

30 岁的卡拉已经跑完了 26.2 英里的半程距离。这是她第一次参加铁人三项比赛，她感觉棒极了。她已经坚持完成了 2.4 英里的游泳和 112 英里的骑车，而跑步是她最拿手的项目。按目前的进度来说，卡拉比自己预想中的要快。但是，卡拉迎来了转折点。她心里一想到自己经历过的困难，身体就变得很沉重。她浑身上下都在疼，从肩膀到起了水泡的脚都不舒服。她的两条腿变得十分沉重，像是灌了铅一样，似乎再也无力支撑下去。她身体里的开关好像被关上了，并在对她说：“你完蛋了。”她的乐观精神消失了。她心想：“结果总不会像开始一样好。”尽管疲惫让她觉得自己的双腿、双脚已经不听使唤了，但实际上它们还在动。每当她想到“我坚持不下去了”的时候，她都对自己说：“你会坚持下去的，只要不停地把一只脚放在另一只脚前面，你就能到达终点线了。”

卡拉坚持完成铁人三项的例子很好地解释了什么是虚假疲惫。运动生理学家过去认为，当我们的身体放弃的时候，它们就是真的不能继续工作了。疲惫就是肌肉不继续工作了，道理很简单，因为肌肉用光了能量储备。它们无法获取足够多的氧气，无法让能量发生新陈代谢反应。此时，血液的 pH

值过于偏酸性或偏碱性。这些解释从理论上来讲说得通，但没有人能证明这就是为什么锻炼者会放慢速度，甚至选择放弃。

蒂莫西·诺克斯（Timothy Noakes）是开普敦大学研究锻炼和运动科学的教授，他对此有不同的看法。诺克斯的特点是敢于挑战成规，并因此闻名于体育界。比如，他证明了在耐力性比赛中，摄入过多液体会稀释人体必需的盐分，从而导致运动员猝死。诺克斯自己也跑超级马拉松，他对一个鲜为人知的理论有了兴趣，这个理论是在 1924 年由诺贝尔奖得主、生理学家阿奇博尔德·希尔（Archibald Hill）提出的。希尔指出，运动疲劳的原因或许不是肌肉无法继续工作，而是大脑中过度保护性的监控机制发挥了作用。身体努力工作的时候，会对心脏有很大的需求，而这种监控机制（希尔称为“管理者”）会让一切放慢速度。希尔没有推测为什么大脑会产生疲惫感，并最终让运动员放弃，但诺克斯对这个假设暗示的东西非常着迷——身体的疲惫是大脑对身体耍的花招。如果事实的确如此，那就意味着，当运动员的身体第一次想放弃的时候，其实他们还远远没到自己的身体极限。

诺克斯和他的几位同事开始查阅资料，试图发现耐力运动员在极限状态下的状态。他们发现，运动员的肌肉没有任何生理上的疲惫感，但他们的大脑却告诉肌肉停下来。大脑感觉到了不断升高的心跳速度和快速减少的能量供应，便对身体喊了“暂停”。同时，大脑产生了强烈的疲惫感，但这和肌肉能否继续工作毫无关系。正如诺克斯所说，“疲惫不是一种身体反应，而是一种感觉，一种情绪”。很多人都认为，疲惫就意味着我们不能再继续了。但这个理论告诉我们，疲惫只不过是大脑产生的某种反应，好让我们停下来。这就像焦虑会让我们不去做危险的事情，恶心会让我们不去吃讨厌的东西一样。但因为疲惫是一种预先警报系统，所以极限运动员能不断突破常人眼中的身体极限。这些运动员知道，第一波疲惫感绝对不是自己真正的极限，只要有了足够的动力，他们就能挺过去。

这和我们刚开始谈到的大学生填鸭式背书和狂吃垃圾食品有什么关系呢？这和节食者背着配偶偷情、文职人员注意力不集中又有什么关系呢？现在，一些科学家相信，自控力的极限和身体的极限是一样的道理，也就是说，我们总是在意志力真正耗尽之前就感到无法坚持了。从某种程度上说，我们应该感谢大脑帮助我们保存能量。正如大脑担心体能枯竭时会告诉肌肉放慢速度一样，大脑也会对大量消耗前额皮质中能量的活动喊“停”。这并不意味着我们用光了意志力，我们只是需要积攒使用意志力的动力罢了。

我们对自身能力的认知会决定我们到底是放弃还是坚持。斯坦福大学心理学家发现，有些人认为大脑的疲惫感不会对自控力产生威胁。至少在科学家能在实验室里设置的一般性意志力挑战中，这些意志力的运动员并没有出现“肌肉模式”预测的那种自控力衰竭。根据这些发现，斯坦福大学的心理学家提出了一种在自控力研究领域内独树一帜的观点，这种观点与诺克斯在运动生理学领域的研究结果如出一辙。这种观点认为，广为人知的“自控力有极限”的说法或许反映了人们对意志力的看法，但没有反映出人类真正的身体或大脑极限。针对这一观点的研究刚刚展开。没有哪个人会认为人类的自控力是无限的。但是，知道我们的意志力比想象中多得多，这确实是件令人开心的事。或许我们也可以像运动员一样，挺过意志力消耗殆尽的感觉，冲过意志力挑战的终点。

深入剖析：你的疲惫感是真的吗？

我们总是一感到疲劳就放弃锻炼、对另一半厉言相加、把事情拖到下一秒、选择点比萨而不是做一顿健康的饭菜。可以肯定地说，生存的需要确实会耗尽我们的意志力，我们也不可能要求一个人有完美的自控力。但比起第一次感觉疲劳就放弃，你其实有更多的意志力。下一次你觉得自己“疲惫”得没法自控的时候，试着挑战一下自己，挺过第一波疲惫感。不过，要注意不要训练过度。如果你不断感到能量枯竭，你就需要考虑一下自己是不是真的筋疲力尽了。

只要你愿意，你就有意志

卡拉在第一次铁人三项比赛中觉得筋疲力尽、无法继续的时候，她想到自己多么想完成比赛，多么想看到冲过终点时欢呼的人群。事实证明，“意志力肌肉”也可以在正确的激励下坚持更长的时间。奥尔巴尼大学心理学家马克·穆拉文（Mark Muraven）和伊丽莎维塔·斯莱莎莉娃（Elisaveta Slessareva）发现了很多激励意志力枯竭的学生的动力。意料之中的是，金钱能帮助本科生储存意志力，他们为了钱会做之前觉得太疲惫而无法进行的事。（想象一下，如果有人给你 100 美金，让你不要吃这包女童子军饼干，饼干是不是就没那么不可抗拒了？）如果学生们听说，自己做到最好有助于研究人员发现治愈老年痴呆症的方法，他们也会有更强的自控力。不过，对耐力运动员来说，这个说法可没什么用。最后，仅仅保证这个练习能让他们今后面对困难时表现得更出色，也能让学生们挺过意志力疲惫期。但这并不是一个显而易见的动力，它只能决定人们能否在人生转折点处坚持下来。如果你觉得戒烟一年后和刚开始戒烟时一样困难，你看到香烟时简直想把眼睛挖出来，那么你很可能会中途放弃。但是，如果你能想象有朝一日“拒绝诱惑”会成为你的第二天性，你就会更愿意挺过暂时的痛苦。

意志力实验：你的“我想要”的力量是什么？

当你的意志力告急时，你可以挖掘你的“我想要”的力量，让自己恢复能量。面对你最大的意志力挑战时，你可以考虑以下动机。

1. 如果挑战成功，你会收获什么？你个人会有什么回报？你会更健康、更幸福、更自由、更有钱，还是会更成功？

2. 如果挑战成功，还有谁会获益？肯定有人依赖于你，你的选择会影响到他们。你的行为会如何影响你的家人、朋友、同事、雇主或雇员、街坊邻居？你的成功会怎样帮到他们？

3. 如果你现在愿意做困难的事，那么一段时间后，这个挑战将会变容易。你能想象出，如果你在这个挑战中取得进步，你的生活会是什么样子，你自己会变成什么样子吗？如果你知道你还有更大的进步空间，现在的不适是不是变得值得了呢？

这一周，当你面临挑战的时候，问问自己，那一刻哪种动力最能让你坚持下去。你愿不愿意为了别人，而不是为了自己，去做那些困难的事？是对未来的憧憬，还是对命运的恐惧，推动你前进？当你发现了自己最重要的“我想要”的力量，发现了你脆弱时给你力量的东西之后，只要你觉得自己就要在诱惑前放弃了，就想想这个动力。

沮丧的母亲发现了她的“我想要”的力量

艾琳是一对两岁双胞胎兄弟的母亲，她在家中照看这两个难缠的小家伙。教育孩子让她筋疲力尽，孩子们从会说“不”开始就让艾琳疲惫不堪。她觉得自己总处在崩溃的边缘。在双胞胎因为小事而不停打斗的时候，她几乎失去了理智。她的意志力挑战就是学会怎样在即将爆发的时候保持冷静。

艾琳想到了让自己控制脾气的最大动力。答案很明显，那就是“当个好家长”。但当她气急败坏的时候，这个动力就不起作用了。她会记得自己想要“当个好家长”这件事，但这会让她更加气急败坏！艾琳意识到，更重要的动力是“享受当家长的过程”，这和“当个好家长”完全是两码事。艾琳之所以通过大喊大叫来发泄情绪，并不只是因为孩子们做的错事，而是因为她觉得自己在很多方面和“完美妈妈”相差甚远。有一半时间，她都是对自己发火，却把孩子当成出气筒。她一直念念不忘自己放弃了工作（她工作时很有效率），选择了做一件让自己如此失控的事。意识到自己不是个完美妈妈，不会让她变得更有自控力，只会让她觉得更难受。

要获得控制情绪爆发的意志力，艾琳就需要意识到，保持冷静对自己和孩子们来说同样重要。大喊大叫不是件有趣的事，她自己也不喜欢那个失控的自己。理想和现实之间巨大的差距让她万分沮丧，甚至让她开始怀疑自己是否真的想当一个好家长。但是，艾琳真的想当一个好家长。停下来、喘口气、选择更平缓的反应方式，不仅能让她的儿子们有一个更好的母亲，也让她更加享受和孩子们在一起的时光，让她感觉到放弃工作、在家育儿是正确的选择。想到这些，艾琳发现保持冷静变得容易多了。不对孩子们大喊大叫，就是不对自己大喊大叫，这让她在混乱的育儿过程中找到了些许乐趣。

有时候，我们最强的动力并不是我们所想的那样，也不是我们觉得“应该是”的那样。如果你正在通过改变行为来取悦别人，或是成为更好的自己，看看是否还有其他“我想要”的力量能让你坚持下去。

日常消耗和文明毁灭

有足够的证据表明，日常所需的自控会消耗意志力，而我们需要这些意志力来抵抗日常的诱惑，比如饼干和香烟。当然，这不是什么好消息。这些诱惑固然会威胁我们的个人目标，但和一个意志力慢性衰竭的社会面临的后果比起来，这不过是小巫见大巫。最令人担忧的是，关于意志力疲惫的研究指出了这样的危险。这项研究名为“树林游戏”，用“公共货物”检测参与者的自控力。在这个仿真经济体系中，玩家们在 25 年内拥有一家木材厂。第一年，他们有 500 英亩[①] 树林，树林每年以 10% 的速度生长。在任何一年中，每个人能砍掉 100 英亩的树林。每砍掉 1 英亩的树林，他们就能赚到 6 分钱。不用考虑具体的数字也能知道，在这种情况下，经济收益最高的方法，也是最环保的方法，就是让树木自由生长，而不是砍伐树木出售。但是，这就需要玩家和队友合作时有耐心、有意志力。这样，就不会有人会选择立刻砍伐森林并大赚一笔。

在游戏开始前，有些团队先完成了一项自控力任务。这项任务很消耗意志力，需要他们集中注意力。因此，他们的意志力在开始游戏时已经有一点疲惫了。在游戏中，这些玩家为了获得短期的经济效益而大量砍伐森林。在仿真游戏的第 10 年中，他们的 500 英亩树林只剩下 62 英亩了。到第 15 年，树林全被毁掉了，仿真游戏只好提前结束。这些队员之间没有相互合作，他们默认的策略是“在别人卖掉树林之前，能抢到什么就赶快抢”。相反，那些没有提前做任务的玩家在 25 年结束时还拥有树林。他们保留了一些树木，赚的钱也更多。这就是团队合作、经济收益和环境管理。我不知道你会怎么选，但我知道自己会选谁管理我的树林、业务或者国家。

“树林游戏”只是个模拟，但人们会联想到复活节岛上树林的离奇消亡。在几个世纪中，太平洋上这个树木繁茂的岛屿孕育了文明。但随着人口的增加，岛上的居民开始砍伐树木，来获得更多的土地和木材。到公元 800 年，

① 1英亩≈4046.9平方米

他们砍伐树木的速度已经超过了树木再生的速度。到了16世纪，树林已经消失殆尽，很多居民赖以为食的物种也消失了，饥荒和食人现象随处可见。到了19世纪末，97%的居民死去了，或是离开了这片不毛之地。

从那时开始，很多人都觉得奇怪，当复活节岛上的居民砍伐森林和瓦解社会时，他们到底在想些什么？他们难道不知道这么做的最终结果是什么吗？我们无法相信人类会如此鼠目寸光。但其实，我们不该这么自信。人类的天性就是关注眼前利益。对每个社会成员来说，为了避免未来的灾祸而改变这种天性，是个很高的要求。改变不仅需要我们的关注，更需要我们为此做些什么。在"树林游戏"这项研究中，所有的队员都认为合作是有价值的，也希望能获得长期的收益。那些意志力耗尽的玩家只是没能按这样的价值观行事而已。

牵头开展这项研究的心理学家指出，那些意志力耗尽的人不能被委以重任，不能让他们为整个社会做出决定。这个说法令人不安，因为我们知道意志力很容易被耗尽，而日常生活中又有太多的琐事需要耗费自控力来做决定。如果我们被购买杂货、处理同事关系这样的琐事耗尽意志力，就无法解决像经济增长、医疗保障、人权保障、气候变化这样的国内或国际危机。

作为个体，我们可以用一些方法来增强自控力，这对我们的个人生活来说意义重大。而对一个国家来说，增加其有限的自控力就更需要技巧了。我们不希望一个国家增加意志力只是为了满足人们的需求，而是希望它尽可能不使用自控力，至少得减少做正确决策时需要的自控力。行为经济学家理查德·泰勒（Richard Thaler）和法律学者卡斯·桑斯特（Cass Sunstein）提出了一个令人信服的"选择架构"（choice architecture）。它能让人们根据自己的价值和目标，更加轻松地做出决定。比如，在更新驾照和登记投票的时候，让人们签署器官捐赠协议；或是让医疗保险公司主动为顾客安排年度体检。这些都是人们想做的事，但很多迫在眉睫的需求分散了他们的注意力，这才导致了拖延。

零售商已经在用“选择架构”影响你购买商品了，尽管他们这么做通常是为了获利，而不是其他高尚的目标。如果有足够的驱动力，商店就会更加大肆宣传健康环保的商品，就不会在结账区域放置太多刺激购买欲的商品，比如糖果和八卦杂志，而是利用这些空间出售牙线、安全套或新鲜水果。这种简单的商品放置会大大提升人们购物的健康程度。

“选择架构”的目的是引导人们的抉择，但这本身就是一个备受争议的命题。有些人认为，它限制了个体的自由或是忽视了个人的责任。但是，能够自由选择的人往往选择了与自己长期利益不符的东西。针对自控力极限的研究表明，这并不是因为我们生来就不够理智，或是因为我们有意识地享受当下、不顾未来。实际上，我们只是太疲乏了，无力抵抗最糟的冲动。如果我们想增强自控力，就要考虑如何支撑住最疲惫的自己，而不是指望最理想的自己突然出现来拯救生活。

写在最后的话

自控力的局限性带来了一个悖论：我们不能控制所有的事，但提高自控力的唯一方法就是提升我们的极限。和肌肉一样，我们的意志力也遵守“要么使用，要么消失”的法则。如果我们试图通过成为“意志力宅男宅女”来保存能量，就会失去自己本来拥有的力量。但如果我们想每天都跑“意志力马拉松”，又会把自己搞垮。我们面临的挑战是，像聪明的运动员那样去训练，去提升我们的极限，但要一步一个脚印地去做。当我们虚弱的时候，我们能从动力中汲取能量。同样，我们也能让疲惫的自己做出明智的选择。

本章总结

核心思想：自控力就像肌肉一样有极限。自控力用得太多会疲惫，但坚持训练能增强自控力。

深入剖析：

· 意志力的上下波动。本周，记录你的自控力，特别注意什么时候你的意志力最强，什么时候你最容易放弃。

· 你的疲惫感是真的吗？下次你觉得自己太“疲惫”而无法自控的时候，看看自己能不能挺过第一波疲惫的感觉，向前迈出一步。

意志力实验：

· 意志力饮食。确保你的身体摄入了足够的食物，能为你提供足够多的能量。

· 意志力锻炼。本周，选择一件事来做（“我想要”的力量）或不做（“我不想”的力量），或者记录一件你不曾关注的事情，以此锻炼你的“自控力肌肉”。

· 发现你的“我想要”的力量。发现自己最重要的“我想要”的力量，也就是在你脆弱的时候给你动力的东西。每当你面对诱惑、想要放弃的时候，都想一想这个东西。

每次我教授“意志力科学”这门课的时候，世界上都会发生很多事，比如之前的特德·哈格德（Ted Haggard）、艾略特·斯皮策（Eliot Spitzer）、约翰·爱德华兹（John Edwards）和老虎伍兹（Tiger Woods）事件。这些事充分展示了我们为什么会失控。这些事现在说起来可能有点过时了[①]，但一周里总会有些名人的爆炸性新闻，比如关于政治家、宗教领袖、警察、教师或运动员的爆炸性新闻。这些事件足以震惊全世界，而起因总是意志力失效。

从“自控力有限”的角度来理解这些事就很容易了。这些人都处于巨大的压力之下，他们的职业对自控的要求都很高，或是要惩罚罪犯，或是要 24 小时保持良好的公众形象。他们的自控力肌肉肯定很疲惫了，他们的意志力也消耗殆尽了，他们的血糖浓度很低，他们的前额皮质也在对抗中败下阵来。谁知道呢，也许他们还节食呢。

这样回答可能太过简单了。（但我确信，肯定有辩护律师在陪审团面前这样为他们辩护。）不是每一次自控力失效都是因为真的失去了控制。有时，我们是有意识地选择了在诱惑面前屈服。想全面了解我们为什么会耗尽意志力，我们需要其他的解释。这个解释应该更偏向心理学解释，而不是生理学解释。

① 如果有人忘记了（或者根本不知道）这些人物的传闻，我可以提供一个简要的介绍：哈格德是一位反对同性恋权益的部长，但后来人们发现他和一名男妓发生过性关系，而且他还吸食毒品；斯皮策是纽约州州长和前任司法部长，他不断对贪污腐败案件提出起诉，但其实他是某卖淫集团的常客，而且该集团还是政府的调查对象；爱德华兹是民主党总统候选人，他以家庭观念作为竞选理念，但最终竞选失败，实际上他背着身患癌症的妻子偷情；伍兹是以自律闻名的高尔夫运动员，但实际上他是个性瘾患者。——作者注

或许你不会卷入全国热议的性丑闻事件，但我们都会有意志力方面的小问题，即便我们只是没能完成新年愿望。为了不重蹈这些新闻头条人物的覆辙，我们需要重新思考这个假设——是不是所有的意志力失效都是由软弱引起的？有时候，我们反而会成为“成功自控”的受害者。我们要思考一下，这整个过程如何削弱了我们的动力，乐观精神如何允许我们放纵自己，为什么觉得自己品德高尚反而是通往罪恶的快速通道。每一次我们都会发现，放弃抵抗是一种选择，而且并非不可避免。了解我们是如何给自己许可的，能让我们学会如何不离正轨。

从圣人到罪人

请判断以下命题，你是强烈反对、有些反对、有些赞同，还是强烈赞同。命题一：大多数女人真的不聪明；命题二：大多数女人更适合在家里看孩子，而不是出来工作。

如果你拿这些问题去问普林斯顿大学的本科生，而女生没叫你把问卷收起来、别再问这种愚蠢的问题了，那你就算幸运了。甚至男生也会驳斥这些带有性别歧视的观点。但如果你让他们判断以下稍有不同的命题，情况又会怎样？命题一：有些女人真的不聪明；命题二：有些女人更适合在家里看孩子。人们会不太容易驳斥这样的命题。它们看起来或许有点性别歧视，但人们很难驳斥“有些”这个限定词。

这项调查是普林斯顿大学心理学家贝努瓦·莫林（Benoit Monin）和戴尔·米勒（Dale Miller）研究的一部分。他们研究的是刻板印象和决策过程。就像你预测的那样，判断前两个命题的学生立刻提出抗议，但判断第二组命题的学生态度则更中立一些。

判断完这些命题后，学生要在一个模拟招聘场景中做出选择。他们的任务是判断几位候选人是否适合某高层职位。这份工作所处的行业一直是男性主导的，比如建筑业和金融业。候选人中有男也有女。对这些刚刚驳斥过性别歧视观点的学生来说，这看起来是项非常明确的任务。他们当然不会歧视一个符合条件的女人。但普林斯顿的研究人员发现，情况正好相反。和那些勉强同意第二组命题认为性别歧视不那么严重的学生比起来，那些强烈反对性别歧视的学生更倾向于选择男性来担任这个职务。当研究人员询问学生的种族主义观点，并提供机会让他们表现对少数种族的歧视时，也出现了这种前后不一的情况。

这个研究让许多人很吃惊。心理学家一直认为，当你表达一种态度时，你更可能按这种准则行事。毕竟，谁愿意做伪君子？但普林斯顿的心理学家揭示了一个例外，这和我们对表里如一的渴望背道而驰。当说到孰是孰非时，我们都能毫不费力地做出符合道德标准的选择。我们只想让自己感觉良好，而这就为自己的胡作非为开了绿灯。

明确驳斥性别歧视和种族歧视言论的学生，觉得自己已经获得了道德许可证。他们已经向自己证明了，他们没有性别歧视或种族歧视。这就让他们在心理学家所谓的“道德许可”（moral licensing）面前不堪一击。当你做善事的时候，你会感觉良好。这就意味着，你更可能相信自己的冲动。而冲动常常会允许你做坏事。在这个例子里，学生们因为驳斥了性别歧视和种族歧视的言论而感觉良好，因此放松了警惕，更容易做出有歧视色彩的决定。他们更可能根据直觉的偏好做出判断，而不去考虑这个决定和他们“追求公平”的目标是否一致。这并不是说他们想歧视。他们只是被自己之前良好的行为所蒙蔽，没看到这些决定会带来的伤害而已。

“道德许可”不仅会批准我们做坏事，也会让我们错失做善事的机会。比如，和那些记不起曾做过善事的人比起来，有行善经历的人在慈善活动中捐的钱要少60%。如果工厂经理想起自己近期做过善事，就更不会花钱去减少工厂造成的污染。

“道德许可效应”也许能解释为什么那些有明显道德标准的人能说服自己，认为出现严重的道德问题是合情合理的，那些人包括部长、注重家庭观念的政治家、打击腐败的辩护律师。例如，一位已婚的电视布道者和秘书发生性关系，一位财政保守派利用公款修自家房子，一位警察对毫无抵抗能力的罪犯施以暴力。大部分人在觉得自己品德高尚时，都不会质疑自己的冲动。而一些人的工作总能让他们觉得自己品德高尚。

为什么我们突然开始研究歧视和性丑闻了，而不是继续研究节食和拖延症呢？是不是因为除了正邪之战都不能称之为意志力挑战？所有被我们道德化的东西都不可避免地受到“道德许可效应”的影响。如果你去锻炼了就说自己很“好”，没去锻炼就说自己很“坏”，那么你很可能因为今天去锻炼了，明天就不去了。如果你去处理了一个重要项目就说自己很“好”，拖延着不去处理就说自己很“坏”，那么你很可能因为早上取得了进步，下午就变懒散了。简单说来，只要我们的思想中存在正反两方，好的行为就总是允许我们做一点坏事。

重要的是，这不是血糖含量低或缺乏意志力造成的。心理学家调查这些纵容自己的人时，他们都认为自己做决定时能够自控，没有失控。他们也没有罪恶感，相反，他们认为自己得到了奖励，并以此为傲。他们这样为自己辩解：“我已经这么好了，应该得到一点奖励。”这种对补偿的渴望常常使我们堕落。因为我们很容易认为，纵容自己就是对美德最好的奖励。我们忘记了自己真正的目标，向诱惑屈服了。

许可的诡异逻辑

严格来说，许可的逻辑并没有逻辑可言。首先，我们基本不会在“好”行为和“坏”行为之间建立联系。控制了购买欲的消费者很可能回家多吃点美食。当雇员花更多的时间处理公司业务时，他就会觉得，用公司的信用卡支付自己的账单是合情合理的。

任何让你对自己的美德感到满意的事，即便只是想想你做过的善事，都会允许我们冲动行事。在一项研究中，人们需要选择自己想参与哪种类型的志愿者工作：是在收容所里给孩子们上课，还是为改善环境做点贡献。虽然他们不需要真的去做这些事，但只要想想自己会怎么选择，就足以让他们产生买名牌牛仔裤的冲动。另外一项研究发现，仅仅是考虑向慈善机构捐款，而不是真的付现金，就足以让人们产生去商场购物的冲动。更普遍的是，即便有些事情我们本可以做，但实际上没有做，我们仍会觉得自己应该受到表扬。我们本来可以吃掉整个比萨，但最后只吃了三块。我们本来可以买一整橱的新衣服，但最后只买了一件新外套。如果按照这个荒谬的逻辑，我们可以把所有的自我放纵都变成引以为傲的事。（信用卡账单会让你产生负罪感吗？怎么会呢，起码你没有因为要付账单而去抢银行！）

类似的研究证明，我们的大脑里没有一位称职的会计师，不能准确计算出我们有多善良，或者我们赢得了多少放纵自己的权利。实际上，我们相信这种感觉：我一直是善良的，一直是个好人。研究道德判断的心理学家知道我们是如何判断是非的。我们通常相信本能，只有当需要解释自己的判断时，我们才寻求逻辑。很多时候，我们根本想不出一个能为自己辩护的逻辑说法，但我们无论如何都坚信直觉。比如，心理学家经常用一个道德悖论来研究我们如何判断是非。成年的亲兄妹在两相情愿并采取保护措施的情况下发生性关系，你觉得在道德上能否接受？对大多数人来说，这个问题会让我们觉得恶心，所以这件事情就是错误的。然后，我们会绞尽脑汁去解释这为什么是不道德的。

如果想到某些事情时，我们没有感到一阵恶心，没有强烈的负罪感或巨大的焦虑感，那它就不是错误的。下面，让我们回到更平凡的意志力挑战。

如果一个行为没有让你心里产生“错误”的感觉，比如多吃了一块生日蛋糕，或用信用卡多刷了一件小东西，我们一般不会质问自己的冲动。因为过去的善行而感觉良好，这让你为今后的纵容找到了借口。当你觉得自己像个圣人的时候，纵容自己的念头听起来没什么错。它听起来很正确，就像是你应得的一样。如果你自控的唯一动力就是成为一个足够好的人，那么每当你自我感觉良好的时候，你就会放弃自控。

“道德许可”最糟糕的部分并不是它可疑的逻辑，而是它会诱使我们做出背离自己最大利益的事。它让我们相信，放弃节食、打破预算、多抽根烟这些不良行为都是对自己的“款待”。这很疯狂，但对大脑来说，它有可怕的诱惑力，能让你把“想做的事”变成“必须做的事”。

道德判断也不像我们想的那么有激励作用。我们把自己对美德的追求理想化了。而且很多人都相信，罪恶感和羞耻心是最有驱动力的。但我们是在骗谁呢？最能带给我们动力的事是获得我们想要的，避开我们不想要的。将某种行为道德化，只会让我们对它的感觉更加矛盾。当你把意志力挑战定义为“为了完善自己必须做的事”时，你自然而然会产生这样的想法：我为什么不去做呢？这不过是人性使然——我们拒绝别人强加给我们的、对我们有好处的规则。如果你把这些规则强加在自己身上，那么从道德的角度和自我进步的角度来说，你很快就会意识到，自己不想被控制。所以，如果你告诉自己，锻炼、存钱或戒烟是件正确的事，而不是件能让你达成目标的事，你就不太可能持之以恒了。

为了避免“道德许可”的陷阱，我们要把真正的道德困境和普通的困难区分开来。或许在缴税时要个花招或背着配偶偷情是道德缺陷，但没能坚持节食却不是什么道德问题。很多人都认为，所有的自控都是道德测试。我们用大吃甜食、熬夜晚睡、信用卡负债来判断自己是善还是恶。但是，这些事无法真正体现什么是罪恶，什么是美德。当我们从道德的角度思考自己面对的意志力挑战时，我们就失去了自我判断能力，看不到这些挑战有助于我们得到自己想要的东西。

深入剖析：善与恶

这一周，试着观察你意志力挑战成功和失败的时候，你是怎么对自己和他人解释的。

* 当你意志力挑战成功的时候，你会不会告诉自己你已经很“好”了？当你屈服于拖延症或某种诱惑的时候，你会不会告诉自己你太“坏”了？

* 你会不会以自己的善行为借口，允许自己去做些坏事？这是无害的奖励，还是阻碍了你实现更长远的意志力目标？

锻炼导致多吃，准新娘无奈增重

35 岁的谢丽尔是一名财政顾问，她 8 个月后就要结婚了。她想在婚礼前减掉 15 磅，所以她每周健身 3 次。问题在于，她知道爬台阶每分钟能消耗多少卡路里。燃烧卡路里的时候，她会不自觉地想到自己有权吃多少食物。虽然她也计划减少热量的摄入，但她总觉得在健身的日子里可以稍微多吃一点。如果她多运动了 5 分钟，她就会在冷冻酸奶上多加些巧克力豆，或晚餐时多喝一杯红酒。锻炼成了她放纵的许可证。因此，她的体重最终变了 3 磅，但不是减少，而是增加。

当谢丽尔觉得锻炼就能多吃的时候，她就在破坏自己减肥的目标了。为了从这种许可的陷阱里走出来，谢丽尔需要将锻炼看作完成目标的必要手段，而更健康的饮食是另一个独立的手段。它们是不能互换的善行，即使一个取得了成功，她也不能对另一个放松要求。

不要把支持目标实现的行为误认为是目标本身。不是说你做了一件和你目标一致的事情，你就不会再面临危险了。注意观察一下，你是否因为认为某些积极的行为值得称赞，就忘了自己实际的目标是什么。

关于进步的问题

即便你没有把意志力挑战当作衡量道德的标准，你也有可能陷入“道德许可”的陷阱。这是因为，有一件事情被所有的美国人道德化了。不，不是性，而是进步！进步是好的，在完成目标的过程中取得进步是令人高兴的。我们总会恭喜自己——你真是好样的！

或许，在恭喜自己之前，我们应该三思。大部分人认为，取得进步会刺激我们获得更大的成功。但心理学家知道，我们总是把进步当作放松的借口。芝加哥大学商学院研究生院的教授阿耶莱特·费什巴赫（Ayelet Fishbach）和耶鲁大学管理学教授拉维·多尔（Ravi Dhar）已经证明了，在完成某个目标过程中取得的进步，会刺激人们做出妨碍完成目标的行为。在一项研究中，他们告诉成功的节食者他们已经减了多少体重。然后，他们向节食者提供庆祝节食成功的礼物，一个苹果或一块巧克力。85% 得到鼓励的节食者选择了巧克力，而不是苹果。而那些没有被研究人员提醒已经获得了进步的节食者中，只有 58% 的人选择巧克力。另一项研究发现，完成学术目标的情况也一样。如果学生们觉得自己已经为复习考试花了很多时间，自我感觉相当良好，他们就更可能花整晚时间和朋友比赛喝酒。

进步可能让我们放弃曾经为之奋斗的东西。这是因为，两个自我相互竞争会进一步打破二者之间的平衡。你还记得我们之前的定义吗？意志力挑战就是两个自我之间的冲突。一个你想的是自己的长远利益（比如减肥），另一个你则想及时行乐（比如吃巧克力）。在面临诱惑的时候，你要让更理智的自己说话，战胜放纵自我的念头。但是，成功自控会在不经意间导致不好的后果。它会让你暂时感到满足，让更理智的自己闭嘴。当你取得进步的时候，你的大脑就停止了思维进程，而这个进程正是推动你追求长远目标的关键。然后，那个放纵自我的声音就会响起来，你就会转而关注那些还没有得到满足的目标。心理学家称之为“目标释放”。你曾努力克制的目标会变得更加强大，诱惑也会变得更加难以抵挡。

在实际生活中，这就意味着，前进一小步会导致你后退两大步。有计划地存养老金能满足那个想存钱的你，同时释放那个想购物的你。整理好文件可能会满足那个想工作的你，同时释放了那个想看比赛的你。一边肩头的天使在对你轻声呢喃，另一边肩头的魔鬼则在不断压迫你。

即便是最值得信赖的、用来完成目标的工具，比如待办事项清单，都可能让你事与愿违。你是不是列出了自己所有要做的事，然后一想到自己一天里能做完所有工作，就觉得自己很棒？如果真是如此，那么很多人都和你一样。能列出这样的清单真是让人如释重负。我们把需要做的事当成了自己已经付出的努力，这会给我们错误的满足感。（或者，正如我的一位学生所说，他很喜欢参加效率研讨会，因为这让他觉得自己很有效率——但实际上他什么都没做出来。）

虽然这个观点不符合我们对“完成目标”的看法，但关注进步确实会让我们离成功越来越远。这不是说进步本身是个问题，问题在于进步给我们带来的感觉。更进一步说，问题是我们不能坚持自己的目标，而会听从自己的感觉。进步可以激励人，甚至可以提高未来的自控力，但前提是，你要把自己的行动当作努力完成目标的证据。换句话说，你要清楚自己做了什么，并盯紧自己的目标。为了实现目标，你要愿意付出更多。人们很容易接受这个观点，只不过我们一般不会这么想而已。在大多数情况下，我们总在寻找停下来的理由。

这两种态度会带来非常不同的结果。如果人们在完成目标的过程中做了积极的事，比如锻炼、学习或者存钱，有人问他们“你觉得你取得了多大的进步”，他们就会做出一些和自己的目标冲突的事，比如明天不去锻炼，和朋友出去玩而不是学习，或是买一些贵重物品。相反，那些被问到“你的目标有多坚定”的人则不会受到诱惑。改变一下关注焦点，就能对他们的行为做出不同的解释。你不应该想着“我做到了，好了，现在我可以做点我真正想做的事了！”应该想着“我做这件事是因为我想要……”

意志力实验：取消许可，牢记理由

如何关注对自己的承诺，而不是关注单纯的进步？香港科技大学和芝加哥大学的研究员的一项研究为我们提供了解决方案。他们要求学生回忆一次拒绝诱惑的经历，这给了他们道德许可。因此，70% 的学生在实验中选择了放纵自己。但当他们让被试者回忆为什么当时拒绝了诱惑时，“道德许可”就消失了，69% 的学生抵制了下一次诱惑。这真像魔术一样神奇！研究人员发现了一个简单易行的提高自控力的方法，有助于学生做出与自身目标相符的决定。记住我们为什么会拒绝诱惑，这是个很有效的办法。因为，当你面对自我放纵的诱惑时，记住这件事会改变我们的感觉。所谓的奖励看起来更像对目标的威胁，屈服于诱惑的感觉并不好。记住理由还有助于你发现并抓住机遇，以便完成目标。

下一回，当你发现自己在用曾经的善行给现在的放纵作辩护时，停下来想一想，你当时为什么能拒绝诱惑。

今天犯错，明天补救

无论取得进步时我们是轻轻拍拍背鼓励自己，还是记起了自己过去是如何抵抗诱惑的，我们很快就会认为，过去的善行应该得到称赞。但“道德许可”并不只计算过去的善行，我们同样可能看到未来，认为我们计划要做的善行也值得称赞。比如，只是“想”去锻炼的人很可能晚餐吃得更多。这种习惯允许我们今天犯错，明天补救——我们就是这么告诉自己的。

向明天赊账

想象下面这个场景：现在是午餐时间，你正在赶时间，最方便的事莫过于在快餐店买点吃的。但你正在控制体重，准备改善健康状况，所以，你计划避开菜单上脂肪含量高的食物。你排队的时候，发现餐厅除了普通的特价菜，还提供一些新的沙拉。这家餐厅离你的办公室很近，所以你经常来这边吃东西——虽然这对你的腰围没什么好处。你很高兴，因为你可以选一些让自己减少负罪感的食物。你排着队，考虑要选哪个，是田园沙拉还是烤鸡肉沙拉。然后，当你真的要点餐的时候，你脱口而出的却是“双层吉士汉堡和薯条”。

刚刚发生了什么事？

你会想，一定是自己的老毛病又犯了！或者，是炸薯条的美妙香味战胜了你最初的想法。但你相不相信，正是菜单上的健康菜品让你点了吉士汉堡和薯条？

纽约市立大学巴鲁克学院的市场研究员通过很多研究得出了上述结论。研究人员之所以对这个问题产生兴趣，是因为他们看到一些报告指出，麦当劳在菜单上增加健康食品时，反而引起了巨无霸销量暴涨。为了找出原因，这些研究人员自己设计了快餐菜单，模拟开设了一家餐厅。来这里吃饭的人需要从提供的菜单上选择一道菜。所有菜单都有标准的套餐，比如法式炸薯条、炸鸡块和加配菜的烤土豆。有一半的被试者拿到的是特殊的菜单，上面加了一份健康沙拉可供选择。当沙拉成为一个选项时，人们就更有可能选择最不健康、脂肪含量最高的食物。研究人员在自动贩卖机实验中发现了同样的情况。当垃圾食品选项中多了低热量饼干时，被试者更可能选择最不健康的零食（比如巧克力夹心饼干奥利奥）。

为什么会这样呢？有时候，大脑会对能完成目标的可能性感到兴奋，它错把可能性当成真正完成了目标。为了能做出健康的选择，那个没有被满足的目标（及时行乐）便成了首选。当你准备点健康食品的时候，你觉得压力小了很多，于是就对不健康的食品产生了强烈的渴望。总而言之，虽然一点都不理智，但你还是允许自己去点那些可能阻塞血管、增加腰围、缩短寿命的食物。这些研究对学校食堂、自动贩卖机和连锁餐厅的做法提出了质疑，因为这些地方为了公共健康至少会推出一种健康食品。除非做出彻底的改变，把所有的食品都变成健康食品，不然人们很可能会做出更糟糕的选择。

也许你觉得自己会是个例外。你当然觉得自己比实验里的失败者更有自控力！如果是这样的话，你就真的有麻烦了。那些认为自己有很强自控力的被试者，最有可能选择不健康的食物。自认为自控力超群的人中，只有10%在菜单中没有沙拉时选择了最不健康的食物，50%在可以选沙拉时选择了最不健康的食物。或许，他们相信自己会在未来选择健康食品，所以今天点炸薯条的时候心情很舒畅。

这很好地解释了，我们想到未来的选择时，就会很容易犯下大错。我们不断期望明天能做出和今天不同的选择，但这种期望是错误的。比如，今天我先抽根烟，但从明天起戒烟；我今天先不去健身了，但我保证明天会去；我先买上一些节日礼物，但之后三个月绝不购物。

这种乐观精神让我们能在今天放纵自己——尤其是当你确信自己下次

不会做出同样选择的时候。比如，耶鲁大学的研究人员让学生们从脱脂酸奶和菲尔兹夫人曲奇饼中选一个。当学生们知道下周还会有同样的选择时，83.3% 的学生选择了曲奇饼。而那些以为这是一次性选择的同学，只有 57% 选择了曲奇饼。当学生们要在浅薄的娱乐方式和更有知识性的娱乐方式（“我可以下周再去学知识”）中选一个的时候，情况也是如此。同样的情况适用于在短期的、较少的经济奖励和较多的、长期的经济奖励（“我现在就需要现金，但下周我会有更多的回报”）之间作选择的时候。

实际上，知道自己下周还有一次选择机会的学生中，67% 的人心里想的是自己下次会做更好的选择。但当实验人员真的给了他们第二次机会的时候，只有 36% 的人做了和第一次不同的选择。不过，当他们想到之后能弥补过错时，他们第一次放纵自己时就不会有那么大的负罪感。

深入剖析：你是在向明天赊账吗？

当你要做与意志力挑战有关的决定时，注意一下，你脑海中是否闪过了“未来再好好表现”的承诺。你是不是告诉自己，明天会弥补今天的过错？这对你当下的自控有什么影响？一直保持关注，从今天一直关注到明天。你是不是真的做到了你所说的？或者，“今天放纵，明天改变”的循环是不是又开始了？

为什么说，明天总会有时间做

对未来的乐观主义精神，不仅会影响我们自己的决定，还会影响我们究竟会不会按自己所说的去做。心理学家已经证明了，我们错误地认为自己明天会比今天有更多的空闲时间。两位市场营销教授——威斯康星大学麦迪逊分校的教授罗宾·坦纳（Robin Tanner）和杜克大学的库尔特·卡尔森（Kurt

Carlson）已经很好地证明了大脑这种自欺欺人的手段。他们对消费者犯的错误很感兴趣，因为消费者总是在预测运动器材的使用率时做出过高的估计。事实上，90% 的运动器材最终只能在地下室的灰尘里度过余生。他们很好奇，人们在想象未来要用这些杠铃和收腹机做什么时，到底在想些什么。他们想象的未来是和现在一样充满了忙碌的工作和临时发生的状况，每天都让人疲惫不堪，还是另外一个模样？

为了找到答案，他们让很多人作预估："你下个月每周（平均）会锻炼几次？"然后，他们问另一组被试者同样的问题，但加上一个重要的前提："在理想状态下，你下个月每周会锻炼几次？"两组被试者在作估计的时候没什么差别，大家默认的答案都是"在理想状态下"，即便研究人员要求他们按实际的而非理想的状态做出回答。我们总是憧憬着未来，却没能看到今天的挑战。这让我们确信，未来我们会有足够的时间和精力去做今天想做的事。我们觉得，推迟到以后再做是理所应当的。我们相信，未来不仅能弥补今天没做的事，还能做到更多。

这种心理倾向是很难动摇的。实验人员试图通过明确的指示，如"请不要做出理想状态下的假设，请根据你的实际情况做出预测"，促使人们做出更切合实际的自我预测。但是，听到这种指示的人更可能对未来盲目乐观，做出了次数更多的预测。实验人员决定检验一下这些乐观主义者。两周后，他们邀请这些被试者回到实验室，报告自己实际的锻炼情况。不出所料，他们实际的锻炼次数低于预估的。人们是为理想世界做出预估，却在现实世界生活了两周。

然后，实验人员让被试者预估接下来两周里的锻炼次数。这些人仍然保持了乐观主义精神，甚至做出了比上一回更多的预估。这些预估远远高于过去两周里他们实际锻炼的次数。事情似乎是这样的：他们把预估看得很重，所以安排未来的自己多做点锻炼，弥补自己之前的糟糕表现。他们不觉得过去两周是真实情况，不觉得最初的预估是不切实际的理想，相反，他们会觉得过去两周是特殊情况。

这种乐观主义精神让人很难理解。如果我们预料到自己无法完成设定的目标，那么还不如在开始之前就认输。如果我们现在表现糟糕，却用对未来的乐观期待来掩饰它，那么还不如一开始就不要设定这个目标。

意志力实验：明天和今天毫无区别

行为经济学家霍华德·拉克林（Howard Rachlin）提供了一个有趣的技巧，帮助人们克服这种“明日复明日”的想法。当你想改变某种行为的时候，试着减少行为的变化性，而不是减少那种行为。他已经证明了，如果让烟民每天都抽同样数量的香烟，那么他们的总体吸烟量会呈下降趋势。即便研究人员明确告诉他们，不用试着减少吸烟量，情况也是这样。拉克林认为，这种方法之所以有效，是因为这会打破吸烟者通常会有的“明天会有所改变”的依赖心理。这不仅意味着今天抽了烟，还意味着明天会抽烟，后天会抽烟，以及每天都会抽烟。这就给每根烟增加了意义，也就让人更难否认多吸一根烟带来的危害。

这一周就试着用拉克林的方法迎接自己的意志力挑战吧，试着逐渐减少行为的变化性。把你今天做的每个决定都看成是对今后每天的承诺。因此，不要问自己“我现在想不想吃这块糖？”，而要问自己“我想不想在一年里每天下午都吃一块糖？”或者，你明知道应该做一件事情却拖延不做时，不要问自己“我是想今天做还是明天做？”，而要问自己“我是不是想承担永远拖延下去的恶果？”

晚饭前的素食主义者

30 岁的杰夫是一位网络系统分析师，也是个充满矛盾的食肉动物。他一直知道少吃肉对身体有多少好处，还有食品加工工业的可怕之处。但是，早餐如果有牛排玉米饼、香肠和意大利腊香肠比萨、快餐汉堡加培根肉的话，他就觉得是最大的享受了。杰夫知道，如果他能成为一名素食主义者，就能减少自己道德上的焦虑。但当一块比萨触手可及的时候，“成为更好的人”这个想法就消失在奶酪的香气中了。

他最初也试过少吃点肉，但这只会让他吃更多的肉。他发现，自己会用一份素食来抵消一份非素食带来的“坏处”。比如，他会点一份蔬菜辣椒沙拉，用来抵消点牛排玉米煎饼的罪恶感。他还会用早餐吃的东西来判断今天是“好”日子还是“坏”日子。如果他早餐时吃了培根肉和鸡蛋三明治，那就不是个好日子。那就意味着，他中餐和晚餐也可以吃肉了。他告诉自己，明天会是开始改变饮食的好日子。

他再不允许某些天是“好”日子，另外一些天是“坏”日子（这可能导致更多的“坏”日子），而是决定迎接挑战，减少行为的变化性。为此，他制定了“晚餐前做素食主义者”的规定。他在晚上 6 点前坚决做一名素食主义者，但在晚餐时想吃什么就吃什么。有了这个规定，中午的时候他就不能一边告诉自己晚餐只吃西蓝花，一边大口吃汉堡了。而且，他也不能再把早餐吃麦片当作午餐吃鸡翅的借口了。

这个方法能有效地终结我们内心的挣扎，让我们不再去想自己是否得到了奖励。当杰夫在火腿、奶酪三明治和鹰嘴土豆泥中选择午餐时，新规定让他的选择变得容易了许多。中午必须吃素食，这没什么可说的。这样的规定还能让你打破一种幻觉，即觉得自己明天要做的会和今天做的完全不同。杰夫知道，只要他有一天打破了规则，他就会（像实验显示的那样）在接下来的一周里都打破规则。即便火腿和奶酪三明治看起来很诱人，但他真的不想放弃整周的目标。把三明治看成新规则的起点，而不是新规则的例外，会让它看起来不是那么诱人。

你的生活里有没有这样一个规则，来帮你结束内心的挣扎？

当罪恶看起来像美德

还有一个我们必须学会识破的“许可陷阱”，它和我们到目前为止看到的都不一样。它和我们自己的高尚行为无关，而和我们最深切的欲望有关。我们都希望说服自己，我们想要的东西并没有那么坏。正如你将要看到的，我们迫切想给诱惑我们的对象加以道德标准，好让我们在放纵自己的时候毫无负罪感。

光环效应

假设你在杂货店，在挑选周末要吃的食物。你从谷物区转弯进了冷鲜区。这时，你看到那里正在进行罕见的促销活动。一个真正神圣的天使，而不是青春期少年渴望的金发女郎，托着食物样品托盘走了过来。她头上光环的金色光辉照亮了盘子里的小热狗，竖琴的旋律似乎从她的身体里飘散出来。“来一块吧。”天使恳求你。你看着这道美味的开胃菜，脑海里都是饱和脂肪、亚硝酸盐和胆固醇。你知道这些热狗对节食毫无益处，但天使肯定不会让你误入歧途吧？只咬一口应该没事吧……

恭喜你：你遇到了光环效应，并且失败而归！这种“道德许可”的形式为你对诱惑说“好的”提供了充足的理由。当我们想获得放纵许可的时候，我们会寻找任何一个美德的暗示，为自己放弃抵抗作辩护。

想看光环效应是如何起作用的，你甚至不用等到晚餐时间。研究表明，选择健康主食的人，通常会在饮料、配菜和甜点上纵容自己。虽然他们的目标是保持健康，但结果是他们比那些点普通主菜的人摄入了更多的热量。饮食研究人员称之为“健康光环”。我们在选择健康食品的时候感觉良好，因此对接下来放纵自己的做法一点都不感到愧疚[①]。同时我们还认为，良好的选择可以抵消放纵的行为。研究人员发现，如果把吉士汉堡和绿色沙拉一起端上来，客人会觉得吉士汉堡比单独端上来时少了很多热量。这根本就说不通，除非你相信把莴苣放在盘子上能像变魔法一样把热量变没。（但从电影里和餐厅里人们的选择可以看出，我们中间有很多人相信，无糖汽水能消耗热量。）

但事实是，沙拉蒙蔽了食客的眼睛。它让食客觉得自己吃的食物符合道德标准。在光环的笼罩下，莴苣叶子给汉堡镀上了金边，让食客低估了整顿饭的热量。理论上说，节食者应该最清楚每样食物都有多少卡路里。然而，他们反而最容易受到光环效应的影响。当看到配菜是沙拉时，他们会低估100卡路里。

只要使你放纵的东西和使你觉得品德高尚的东西同时出现，就会产生光环效应。比如，研究人员发现，出于慈善目的购买巧克力的人，会吃更多的巧克力来奖励自己的善行。无私的捐献使糖果笼罩在光环之下，慈善家们吃起来会毫无犯罪感。当到处寻找特价商品的购物者买了很多便宜货时，他们会因为觉得自己省了很多钱而感觉良好，但实际上他们比预期多买了很多东西。那些爱送别人礼物的人觉得自己是如此慷慨，所以觉得自己也理应得到礼物。（这就能解释，为什么女性的鞋子和衣服是购物季之初卖得最好的商品。）

① 研究人员还指出，食客们往往迅速接受了主菜暗示的“健康”。但实际上，那些标为“健康食品”的东西比其他主菜的热量更高，但没人对这个标签提出质疑。——作者注

神奇词语

问题是，当我们用“好”和“坏”来界定食物和商品时，“感觉良好”会取代常识判断。这就让餐厅和市场营销人员能在99%的罪恶旁边加上1%的美德，让我们产生良好的感觉，也让我们放弃了自己的长期目标。因为，我们内心对这个目标就是矛盾的（我想要的是健康！不，我想要的是快乐！），我们只是乐于找到答案而已。

有一个例子能很好地说明这种道德许可，那就是1992年的威尔斯脆饼风潮。当节食者看到饼干外包装上写着“零脂肪”时，食品包装中的巧克力带来的罪恶感似乎消失了。虽然人们很关注自己的体重，但他们却很不理性地吃掉了一整盒这种高糖分食品。他们完全被“零脂肪”的光环蒙蔽了。（好吧，我承认自己也是其中一个。）医学研究人员将这种蒙蔽和随之而来的、无意识的体重增加称为“威尔斯脆饼综合征。”今天，“零脂肪”对习以为常的节食者可能起不到相同的影响，但我们不一定就变得更明智了。近期的研究表明，我们只是把过去的“神奇词语”换成了新的。人们认为标有“有机”的奥利奥饼干比普通奥利奥饼干的热量更少，所以每天吃这种饼干对身体更好。这就是“绿色光环”——食用有机食品不仅更健康，而且更环保。这种饼干的环保属性抵消了它带来的营养问题。越是支持环境保护的人，越容易低估有机饼干的热量，也就越容易认为每天都应该吃这种饼干。这就像节食者反而更容易受到沙拉搭汉堡的“健康光环”影响一样。我们越在乎某种美德，就越容易忽略“美好的”放纵如何威胁了我们的长期目标。

深入剖析：你正在被光环笼罩吗？

你会不会因为关注一个事物最有益的品质，而允许自己沉溺于它？有没有什么“神奇词语”会给你放纵的许可？比如“买一送一”“全天然”“淡”“公平贸易”“有机”“为了慈善”。这一周，看看你是否被那些破坏长远目标的光环所笼罩。

省钱的念头诱惑了购物者

玛格丽特是一位刚刚退休的药剂师，她很喜欢购买打折商品。商品打折得越厉害，她就越兴奋。她推着购物车走过店里的长廊，从架子上抓下大量商品。买到这么多东西让她感觉良好。卫生纸、麦片、包装纸，无论买了什么都不重要，重要的是它们都是打折商品。商店里所有的东西，从明显的降价，到朴素的装修，这一切都在告诉你：“你在省钱呢，你这个购物天才！”但当玛格丽特冷静观察在折扣店里一周的购物收据时，她发现，自己花的钱比在普通杂货店里购物还多。她一直只关注每张收据结尾处写的“你节省了__________！”，却忽略了自己总共花了多少钱。玛格丽特意识到，当她踏入折扣店的那一瞬间，她就被笼罩在商店的“光环效应”之下了。这让她在购物时毫无负罪感，在放纵自己时觉得快乐无比。为了找到脱离圈套的办法，她重新定义了什么叫“省钱”。省钱不再是买到便宜的东西，而是在支出限额内买到便宜的东西。她在省钱时仍然感觉良好，但省钱的光环不再让她每周都去疯狂购物了。

当“光环效应”影响到你的意志力挑战时，你需要找到最具体的测量标准（比如热量、花费、消耗或浪费的时间），以此判断这个选择是否和你的目标相符。

环保的危害

有多少次，你被要求做出一点小小的改变来拯救地球？比如，更换照明灯泡，或使用可循环利用的购物袋。你可能还被要求购买一些叫作“碳补偿”的东西。那基本是对你消耗的能量和过度的消费做出经济上的补偿。比如，因为乘坐飞机头等舱而对环保感到愧疚的旅客会多付航空公司一些钱，让航空公司到南美洲种几棵树。

这些行动本身都是对环境有益的。但是，如果说这些行动改变了我们对自己的看法呢？它们会让我们觉得自己很关心地球，促使我们在可能的情况下更加环保吗？还是说，这些看似高尚的选择反而会造成环境破坏，因为它们不断提醒我们，自己已经有了“绿色许可”？

我之所以开始关注这个问题，是因为我看到了一项研究，是关于“道德许可”对环保的影响的。仅仅是浏览出售可充电电池和有机酸奶等绿色商品的网站，就会让人感觉良好。但是，更关注环保并不能真的导致善举。研究发现，选择购买环保商品的人更容易在之后的测试中撒谎，以便从每个回答正确的问题上拿到报酬。他们也更容易从装报酬的信封里面偷钱。总之，绿色消费的美德为说谎和盗窃找到了合理解释。

即便你认为开混合动力车普锐斯（Prius）不会让你变成骗子[①]，但这项研究仍旧让人感到困扰。耶鲁经济学家马修·柯辰（Matthew J. Kotchen）提出了这样的忧虑：小的“绿色”行为会降低消费者和商家的罪恶感，允许他们做出伤害性更大的事。我们可能关心环境，但改变重要的生活方式却并非易

① 但我要提个醒，开普锐斯很可能让你的车技变烂。2010年汽车保险分析公司的一份报告显示，比起普通汽车的司机，混合动力汽车的司机遇到了更多的碰撞事故，多接到了65%的罚款单，多驾驶了25%的路程。这是不是说明了“绿色光环”允许了马路上不计后果的行为呢？这个很难说，但当你因为开着环保车而赞赏自己时，一定别忘了看一眼车速表。——作者注

事。想到气候变暖和能源短缺的严重程度，以及为了防止灾害要做的事，我们就会觉得一切都势不可当。只要某些事让我们觉得自己尽力了，不用再担心那些问题了，我们就会蜂拥而上。而一旦我们的罪恶感和焦虑消失了，我们就会觉得可以重新开始一贯浪费的生活方式了。所以，使用可循环购物袋会允许我们购买更多的东西，种一棵树会允许我们去更多的地方旅行，换电灯泡会允许你住在更大、更耗电的房子里。

好消息是，不是所有的环保行为都会刺激人们的消费，或毫无罪恶感地挥霍碳能源。墨尔本大学经济学家发现，当人们对罪恶行为做“忏悔”的时候，最有可能产生“许可效应”。比如，为了弥补家里用电消耗的碳能源，人们会多花 2.50 美元种一棵树。这样，消费者的生态罪恶感就得以缓解。这让他们更有可能允许自己消耗更多的能源。有很多初衷良好的惩罚机制都会出现类似的效果。比如，托儿所会让晚接孩子的父母交罚款，但这种制度实际上增加了晚接孩子的概率。家长可以购买晚接孩子的权利，以此来消除自己的罪恶感。为了完成一些简单的事情，很多人宁愿花钱，把责任推给别人。

但是，当人们有机会为环保行为付钱，替代曾经破坏环境的行为时，比如，人们多花 10% 的电费使用绿色能源，却不会出现这种“许可效应”。为什么呢？经济学家推测，这是因为这种行为不能减轻消费者的罪恶感，而会增强他们对环保做承诺的感觉。当我们花更多钱使用风能或太阳能时，我们觉得自己是为地球做好事的人！然后，我们会一直觉得自己身上有这样的标签。于是，我们会寻找更多的机会实现自己的价值观和目标。如果我们想促进别人的环保行为，更明智的做法就是强化他们“环保人士”的身份认同，而不是让他们花钱购买融化冰盖的权利。

这适用于所有积极的改变，包括我们对自己的激励。我们需要觉得自己想成为做正确事情的人。从本质上看，道德许可就是一种身份危机。我们之所以会奖励自己的良好行为，是因为我们内心深处认为，真正的自己想做坏事。从这点来看，每次自控都是一种惩罚，只有放纵自我才是奖励。但我们为什么一定要这样看待自己呢？想要走出“道德许可”的陷阱，我们就要知道，那个想变好的自己才是真正的自己，想按核心价值观生活的自己。如此一来，我们就不会认为那个冲动、懒散、容易受诱惑的自己是“真正”的自己了。我们就不会再表现得像个必须被强迫完成目标、然后为做出的努力索要奖励的人了。

深入剖析：你觉得自己是谁？

当你思考自己的意志力考验时，你觉得哪部分的你像“真实”的你？是那个想追求目标的你，还是那个需要被控制的你？你是更认同自己的冲动和欲望，还是更认同自己的长期目标和价值观？当你想到你的意志力挑战时，你觉得自己是能成功的人吗？还是说，你觉得自己需要被彻底压抑、完善或改变？

写在最后的话

在追求自控的过程中，我们不应该把所有的意志力挑战都放在道德标准的框架中。我们总是轻易地认为，自己做过的善行，或是仅仅考虑要去做的善行，给了我们道德上的许可。如果只按照“正确”和“错误”来判断做过的事，而不是牢记我们真正想要的东西，就会带来与目标相抵触的冲动，并允许我们做出妨碍自己的行为。想要做到始终如一，我们就需要认同目标本身，而不是我们做善事时的光环。

本章总结

核心思想：当我们将意志力挑战看成衡量道德水平的标准时，善行就会允许我们做坏事。为了能更好地自控，我们需要忘掉美德，关注目标和价值观。

深入剖析：

· 善与恶：当你的意志力挑战成功时，你会不会告诉自己你很“好”，然后允许自己做一些“坏”事？

· 你是否在向明天赊账？你是不是告诉自己明天会弥补今天的过错？如果是这样的话，你是否真的弥补上了？光环效应：你是不是只看到了坏东西好的一面，如折扣省钱、零脂肪、保护环境？

· 你觉得自己是谁？当你想到你的意志力挑战时，你觉得哪部分的你才是“真实”的你？是想追求目标的你，还是需要被控制的你？

意志力实验：

· 明天和今天毫无区别。当你想改变行为的时候，试着减少行为的变化性，而不是减少某种行为。

· 取消许可，牢记理由。下一回，当你发现自己在用曾经的善行为放纵辩护的时候，停下来想一想你做“好”事的原因，而不是你应不应该得到奖励。

1953 年，来自蒙特利尔麦吉尔大学的两名年轻科学家詹姆斯·奥尔兹（James Olds）和彼得·米尔纳（Peter Milner）试着研究一只令人困惑的小白鼠。奥尔兹和米尔纳将一个电极深深植入小白鼠的脑袋里，通过电极来刺激大脑的某个区域。其他的科学家研究发现，这个区域能让老鼠产生恐惧的反应。根据过去的研究报告看，实验室里的小白鼠很讨厌这样的电击，它们会避免任何导致大脑受刺激的事情。奥尔兹和米尔纳的小白鼠却恰恰相反，它不停回到笼子的角落里，那个它曾经受电击的地方。看起来，他们的小白鼠还想被电击。

他们无法理解小白鼠这个怪异的行为，所以决定验证一下，看看小白鼠是否希望被电击。每次小白鼠向右移动、远离角落的时候，他们就会用适度的电击来奖励小白鼠。小白鼠很快就明白了。在短短几分钟内，它就爬到了笼子的另一个角落。奥尔兹和米尔纳发现，只要他们用电击来奖励小白鼠，它就会向某个方向移动。很快，他们就可以像操纵木偶一样操控小白鼠了。

难道其他研究人员出错了吗？莫非刺激小白鼠脑中这个区域的效果和他们想的不一样？还是说，他们的小白鼠是个自虐的家伙？

实际上，他们无意中发现了大脑里一处未被开发的区域。这多亏了植入过程中的一个小失误。奥尔兹是社会心理学家，不是神经科学家。他的实验技巧很糟糕，把电极安在了错误的位置上。所以，他们阴差阳错地发现了大脑中一个受刺激会产生强烈快感的区域。要不然，怎么解释小白鼠为了再被电击而到处乱跑？奥尔兹和米尔纳将他们的发现称为大脑的“快感中心”。

但奥尔兹和米尔纳还是不明白他们到底发现了什么。小白鼠体验到的不是极乐，而是渴望。神经科学家最终通过对小白鼠的研究，为我们打开了一扇奇妙的窗户。通过这扇窗户，我们能看到自己渴望、被诱惑、上瘾的种种体验。我们会发现，在追求幸福的时候，我们可不能相信大脑指引的方向。我们还会发现，神经营销学这个全新领域是如何利用这个原理来操控我们的大脑、为我们制造欲望的，以及我们如何才能抵抗这种欲望。

奖励的承诺

奥尔兹和米尔纳发现小白鼠大脑里的“快感”中心后，他们便开始证明，刺激这块区域会带来多大的快感。首先，他们让小白鼠禁食 24 小时，然后把它放在一根短管的中间，管道两头都有食物。通常情况下，小白鼠会跑到管道一头，然后开始咯吱咯吱地吃东西。但如果小白鼠在这之前受到了电击，它便会待在原地，一动也不动。和一份有保证的食物奖励比起来，它更愿意等待可能出现的另一次电击。

科学家还做了测试，如果有可能的话，小白鼠是否会自己寻求电击。他们放置了一根杠杆，当杠杆被按压的时候，小白鼠的快感中心就会受到电击。小白鼠一旦发现了杠杆的作用，就会每 5 秒钟电击自己一下。获得自我刺激机会的小白鼠显得毫不满足，它会一直不停地按压杠杆，直到它力竭而亡。小白鼠发现，如果自我折磨能刺激大脑，那么它就能忍受这种折磨。奥尔兹把自我刺激的杠杆放在一张电网的两端，这样小白鼠每次只能得到来自一根控制杆的一次电击。但小白鼠很乐意在电网上跑来跑去，直到它烧焦的爪子疼到没法继续跑为止。奥尔兹更加确信，只有一件事能产生这样的行为，那就是极乐的感觉。

没过多久，精神病学家们就觉得，这个实验对人类来说也是可以尝试的[1]。美国杜兰大学的罗伯特·希斯（Robert Heath）在病人的大脑中植入电极，并交给他们一个控制盒。控制盒能让他们刺激自己这个新发现的快感中心。希斯的病人表现得和奥尔兹的小白鼠如出一辙。他们可以自己选择刺激的频率，结果他们平均每分钟会电击自己40次。休息的时候，研究人员给他们端来了食物，病人们虽然承认自己已经很饿了，但仍然不愿意停下电击去吃点东西。在实验人员提出终止这个实验或切断电极的时候，有一个病人提出了强烈的抗议。另外一个被试者在电流切断后仍然按了200多下按钮，直到实验人员要求他停下来为止[2]。无论如何，这些结果让希斯相信，这种大脑自我刺激法可以成为很多精神失常问题的治疗法。（见鬼，他们好像还挺喜欢这个方法的。）他认为，把电极留在病人的大脑里是个不错的想法。这样，病人就可以在腰带上别一个自我刺激控制器，随时随地给自己电击。

这时，我们需要考虑一下这项研究所处的整体环境。那时候，占主导地位的科学范式是行为主义。行为主义者相信，动物或人类身上唯一值得测量的东西就是行为。想法？感觉？那些东西都是浪费时间。如果一名客观的观察者不能观察到、看到某些东西，那么这就不是科学，也就不重要了。这可能就是为什么希斯早期的报告缺少详细的第一手资料，没有记录他的病人在自我刺激时有什么感觉。像奥尔兹、米尔纳一样，希斯也推测说，因为他们的被试者不停地刺激自己，为了持续电击忽略了食物，所以他们是把精神上

① 虽然这项健康研究比较奇怪，但这绝对不是20世纪60年代心理学实验室里发生的最奇怪的事。那时候，哈佛大学的蒂莫西·李尔利（Timothy Leary）在研究致幻剂LSD和迷幻蘑菇对精神的好处。在布鲁克林的迈蒙尼德医学中心，斯坦利·库皮尼（Stanley Krippner）通过训练一个人向在另一个房间睡觉的人发送心灵感应信息，来进一步推进超感官知觉（ESP）实验。蒙特利尔艾伦研究机构的尤恩·卡梅伦（Ewen Cameron）则试图消除家庭主妇心中与意志相悖的记忆。这是某项关于大脑控制的研究的一部分，该研究受到美国中情局的支持。

② 希斯的报告中最有趣的一点是，他如何解释病人在切断电流后仍然按压按钮。希斯认为，这表明该病人精神混乱，不能成为合格的实验对象。他尚未充分了解受刺激的大脑区域。实际上，这种行为就是上瘾和强迫症的最初暗示。

的快感当作了“奖励”。而且病人确实也说电击让他们感觉良好。但是，他们连续不断地自我刺激，夹杂着对切断电流的担忧。这可能暗含着，除了真正的满足感，这里面还有其他的东西。而我们对这些病人的想法和感觉知之甚少，这就是这个看起来很欢乐的实验的另一面。有一名病人有间歇性睡眠症，实验人员给了他一个便携的植入设备，帮助他保持清醒。这位病人描述自我刺激的感觉时说，那“令人非常沮丧”。虽然他“经常性地、有时近乎疯狂地按按钮”，但他一直没能达到实验中那种满足感。自我刺激让他觉得焦虑不安，而不是幸福快乐。他看起来更像是身患强迫症的人，而不是体验快乐的人。

奥尔兹和米尔纳的老鼠真是因为感觉太好而不愿意停下来，最终导致力竭而亡的吗？如果说，受刺激的大脑区域奖励给它们的不是极大的快感，而仅仅是承诺它们会有快感呢？事情有没有可能是这样的：小白鼠之所以刺激自己，是因为大脑告诉它们，只要它们再按一次杠杆，奇妙的事情就会发生。

奥尔兹和米尔纳发现的不是快感中心，而是现在神经科学家称为“奖励”系统的东西（见图 5–1）。他们刺激的区域是人脑最原始的动力系统的一部分。这个系统逐步进化，驱使我们采取行动和消耗体能。这就是为什么奥尔兹和米尔纳的第一只小白鼠不停地在第一次受到刺激的角落里跑来跑去，也就是为什么小白鼠宁愿放弃食物或烧焦爪子，也要让大脑再受一次电击。每当这个区域受到刺激的时候，大脑就会说：“再来一次！这会让你感觉良好！”每次刺激都让小白鼠寻求更多的刺激，但刺激本身却不会带来满足感。

正如我们将要看到的，并非只有大脑中的电极能激活这个系统。世界上充满了能带来刺激的东西。从饭店的菜单和直邮广告，到乐透彩票和电视广告，都能让我们变成真人版的奥尔兹和米尔纳的小白鼠，去追寻对快乐的承诺。这时候，我们的大脑就会对“我想要”的东西深深着迷，而说“我不要”就会变得更加困难。

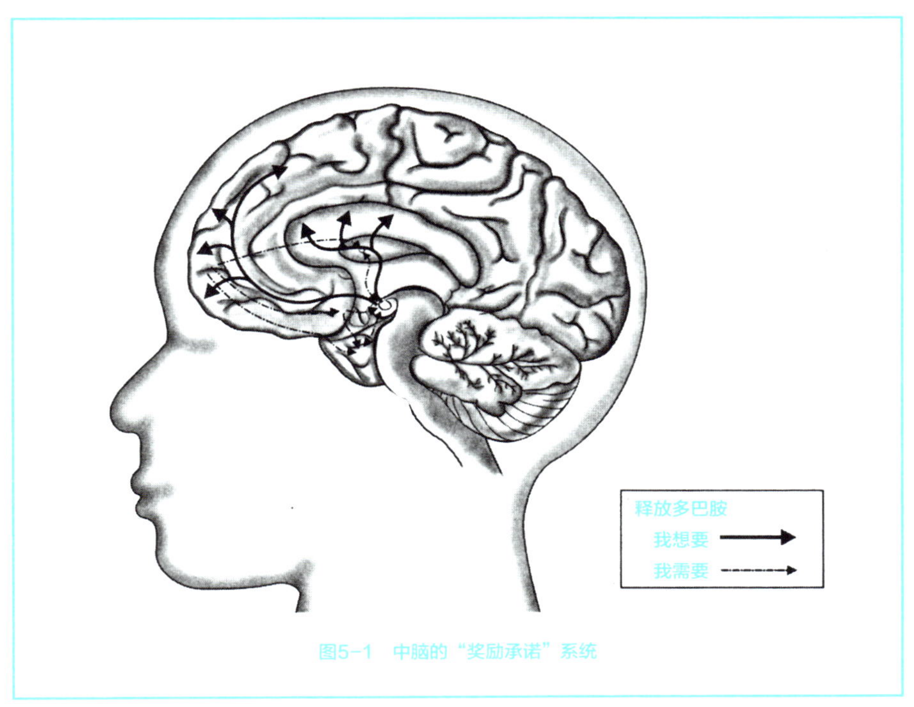

图5-1　中脑的“奖励承诺”系统

“我想要”的神经生物学原理

奖励系统是怎么迫使我们行动的呢？当大脑发现获得奖励的机会时，它就释放出叫作多巴胺的神经递质。多巴胺会告诉大脑其他的部分它们需要注意什么，怎样才能让贪婪的我们得手。大量的多巴胺并不能产生快乐的感觉，那种感觉更像是一种激励。我们会觉得警醒、清醒、着迷。我们发现了如何才能得到快乐，而且愿意为了获得这种感觉付出努力。

在过去的几年中，神经科学家给多巴胺释放产生的效应起了很多名字，包括寻觅、希望、渴望和欲望。但有一件事很清楚——这不是喜欢、满足、快乐或真正的奖励会带来的感觉。研究表明，即便你摘除了小白鼠大脑中的多巴胺系统，它们仍会在吃到糖果时露出傻傻的笑容。它们不会为了奖励而付出努力。它们喜欢糖，但在吃到糖之前不会想要糖。

2001 年，斯坦福大学神经科学家布莱恩·克努森（Brian Knutson）发表了一份具有决定意义的实验报告，证明了多巴胺会促使人们期待得到奖励，但不能感觉到获得奖励时的快乐。他的研究借鉴了一个著名的行为心理学实验，即伊凡·巴甫洛夫（Ivan Pavlov）在狗身上做的条件反射实验。1927 年，巴甫洛夫观察到了一个现象：如果在喂狗之前摇铃，狗即便没有看到食物，也会听到铃声就流口水。它们懂得把铃声和晚餐的承诺联系在一起。克努森做了一个大胆的预测。他认为，大脑在期待奖励的时候也会“流口水”。至关重要的一点是，大脑的这种反应和真正得到奖励时的反应是不同的。

克努森在研究中扫描被试者的大脑，让他们看到屏幕上某个符号时就期待自己能赢钱。想要赢钱的话，他们需要按一个按钮，以便获得奖励。只要这个符号一出现，人类大脑中释放多巴胺的“奖励中心”就会发生反应，被试者也就按下了按钮，得到了他们的奖励。但当被试者真的赢了钱的时候，大脑里的这个区域反而安静了下来。大脑中另一个区域产生了赢钱的快感。克努森证明了，多巴胺控制的是行动，而不是快乐。奖励的承诺保证了被试者成功地行动，从而获得奖励。当奖励系统活跃的时候，他们感受到的是期待，而不是快乐。

任何我们觉得会让自己高兴的东西都会刺激奖励系统，例如令人垂涎的美食、咖啡的香味、商店窗口半价的招牌、性感的陌生人的微笑，还有承诺会让你变得富有的商业广告。大量分泌的多巴胺使这个新的冲动对象变得对你来说至关重要。当多巴胺劫持了你的注意力时，大脑只会想如何获得或重复那个触发它的东西。这是大自然的办法，它保证了你不会因为不愿意采集浆果而被饿死，或是因为觉得很难吸引潜在伴侣而加速人类灭亡。进化根本不关心你快乐与否，但它会利用对快乐的承诺，让我们不停地为生计奔忙。而且，大脑正是靠对快乐的承诺让你不停地去狩猎、采集野果、工作和求爱，而不是让你直接感受快乐。

当然，我们现在所处的环境，和大脑进化的环境（也就是那些原始本能进化的环境）很不一样。例如，每当我们看到、闻到或尝到高脂肪或高糖分的食物时，大脑都会释放大量的多巴胺。多巴胺的释放保证了我们会产生把自己喂饱的念头。如果你生活在食物稀缺的环境里，这绝对是最好的本能。但在你生活的时代里，食物不仅极大丰富，而且很多都是专门为了刺激你的多巴胺释放而制造出来的。那么，多巴胺就成了走向肥胖的食谱，而不是长命百岁的保障。

你也可以思考一下色情图片对我们奖励系统的影响。在人类历史的大部分时间里，除非你真的有机会和别人交配，否则你很难看到一个裸体的异性摆出诱惑的姿势。如果你想把你的基因延续下去，这时候最好还是给自己一点动力。几十万年之后，我们会发现互联网上关于色情的东西随处可见，更不用说广告或娱乐产业中经常出现的软色情图片了。而追求每一次性“机会”的本能，会使人们最终对色情网站上瘾，或是对某些涉性广告上瘾，比如那些除臭剂和高档牛仔裤的广告。

我们需要多巴胺

现代科技“及时行乐”的特点，加上原始的激励系统，就让我们成了多巴胺的奴隶，从此欲罢不能。我们中的一些人应该还记得那种狂按电话答录机按钮、查收新消息的刺激感。后来，我们又通过调制解调器连上了美国在线，希望电脑会告诉我们：“你收到了新邮件！”好吧，我们现在有了Facebook、Twitter、电子邮件和短信息——这就是精神病专家罗伯特·希斯设计的自我刺激设备的现代版。

因为我们知道自己可能会收到新消息，或者下一个更新的 YouTube 视频有可能让我们捧腹大笑，我们就不停地点击刷新按钮，点击下一个链接，像得了强迫症一样查看自己的设备，就像我们的手机、黑莓以及笔记本和我们的大脑之间有一根线连着，能给我们不断提供多巴胺刺激一样。和高科技比起来，再没有什么我们能梦到、抽到、注射的东西能让我们如此上瘾了。这些设备就这样俘获了我们，让我们不断要求更多。在我们所处的时代里，奖励的承诺可以用我们上网时的行为来打比方——我们搜索，再搜索，搜索更多的。我们点击鼠标，就像笼子里的小白鼠想再感受一次电击一样。我们追寻着难以捉摸的奖励，直到最终觉得满意。

手机、互联网和其他社交媒体可能是无意中激活了我们的奖励系统，但电脑和电子游戏的设计者是有意识地控制了人们的奖励系统，让玩家上钩。"升级"和"获胜"随时可能出现，游戏就这样激发了人们的兴趣。这也是人们很难戒掉游戏的原因。一项研究发现，电子游戏刺激和使用苯丙胺时产生的多巴胺一样多。正是这种多巴胺的增加使人们会对这两种东西上瘾。具有不确定性的"得分"和"升级"会让你的多巴胺神经元不停燃烧，让你像是被粘在了椅子上一样。每个人对此可能有不同的看法，有人会觉得这增加了娱乐性，也有人觉得这是对玩家不道德的剥削。不是每个抓住游戏机操控杆的人都会上钩，但对那些意志力不够坚定的人来说，游戏和毒品一样令人上瘾。2005 年，28 岁的韩国锅炉修理工李承生在连续 50 个小时奋战"星际争霸"之后死于心血管衰竭。他不吃不睡，只想继续玩游戏。听到这件事的时候，我们很难不联想到奥尔兹和米尔纳实验中力竭而亡的小白鼠。

深入剖析：是什么让你的多巴胺神经元不停燃烧？

你知道什么会刺激你的多巴胺分泌？食物？酒精？购物？Facebook？还是其他东西？这一周，试着观察是什么吸引了你的注意力。是什么给了你奖励的承诺，强迫你去寻求满足感？是什么让你像巴甫洛夫的狗一样垂涎欲滴，或是像奥尔兹和米尔纳的小白鼠一样欲罢不能？

给上瘾患者开的处方

多巴胺在我们上瘾时会发挥某些作用。最令我们吃惊的是它在帕金森患者治疗过程中发挥的作用。帕金森症是一种常见的神经退化性疾病，病因是脑细胞中缺少多巴胺。多巴胺在刺激行为中起的作用主要表现在：减缓或减少运动、抑郁以及间歇性紧张症。标准的帕金森治疗方式是同时服用两种药物：左旋多巴和多巴胺受体激动剂。前者可以帮助大脑产生多巴胺，后者能刺激大脑中的多巴胺腺体，模仿多巴胺的行为。当病人刚开始接受药物治疗时，大脑中多巴胺的含量会比往常多。这就减轻了帕金森的主要症状，但同时带来了难以预料的新问题。

医学期刊上的很多案例都介绍了这种药的副作用。例如，一个 54 岁的女人突然对曲奇饼干、咸饼干和意大利面产生了强烈的欲望，她会很晚都不去睡觉，一直不停地狂吃。还有一个 52 岁的男人养成了每天都赌博的习惯，在赌场待了 36 个小时不出来，花光了平生所有的积蓄[①]。一个 49 岁的男人觉得非常痛苦，因为他突然发现自己食量大增、总想喝酒，而且妻子说他“性欲过强”——为了不让丈夫来烦自己，她必须打电话向警察求助。所有这些

① 他还对鼓风机产生了强烈的兴趣。有一次，他为了创造出最完美的、一片叶子都没有的花园，连续用了6个小时的鼓风机。但对他的家庭和医生来说，这不是最需要担心的问题。——作者注

问题的解决方法，都是让病人不再服用释放多巴胺的药物。但在很多情况下，关心则乱的家人和医生会首先把病人送去做心理治疗，或是送他们参加匿名戒酒会或戒赌会。他们不知道，这种新的癖好是大脑出现的小故障，而不是根深蒂固的心理问题。只有心理问题才需要进行精神方面的咨询。

当然，这些例子都有些极端。不过，当你被奖励的承诺吸引时，你大脑中的情况和这些人没有多大差别。帕金森症患者服用的药物只是把食物、性、酒精、赌博、工作这些东西在奖励系统中的作用夸大了。当多巴胺给我们的大脑安排寻找奖励的任务时，我们就展现了自己最敢于冒险、最冲动、最失控的一面。

更重要的是，如果奖励迟迟没有到来的话，奖励的承诺（和一想到要停下来就不断增长的焦虑）足以让我们一直上瘾。如果你是实验室里的小白鼠，你就会一次次地去按杠杆，直到力竭而亡或被饿死。如果你是人类，你就会掏空钱包、填满肚子——这还是好的。如果严重的话，你会发现自己患上了强迫症。

分泌多巴胺的大脑：神经营销学的崛起

当奖励的承诺释放多巴胺的时候，你更容易受到其他形式的诱惑。比如，色情图片使男性更容易在经济方面冒险，幻想中乐透彩票会让人饮食过量。这两种对无法得到的奖励的幻想会给你带来麻烦。大量分泌的多巴胺会放大“及时行乐”的快感，让你不再关心长期的后果。

你知道是谁发现这件事的吗？答案是想从你身上赚钱的人。零售业的方方面面都设计得让我们更有购买欲。比如，大型食品公司在菜谱中搭配适当的糖类、盐类和脂肪，让你的多巴胺神经元处于兴奋状态；乐透彩票的广告则鼓励你去想象，自己中大奖后拿着100万美元会去做些什么。

杂货店的老板也不傻。他们希望你购物时大脑分泌最多的多巴胺，所以他们把最具诱惑力的商品放在店铺前面和中间。当我走进我家附近的商店时，第一眼看到的就是面点区免费试吃的样品。这并不是个意外。斯坦福大学的市场营销学研究人员证明了，食品和饮料的样品会让购物者更饥饿、更口渴，并产生“寻找奖励”的心态。为什么会这样呢？因为样品包含了对两个最大的奖励的承诺——免费和食物。（如果发放样品的人很有魅力，那就是第三个承诺了。那你就完蛋了。）在一项研究中，品尝甜食样品的人更容易购买放纵自己的食物，比如牛排和蛋糕，或是打折商品。食物和饮料的样品放大了商品的吸引力，而这些商品本身就能激活你的奖励系统。（对一个满脑子都是预算的母亲来说，最能激活她的奖励系统的就是省钱的机会！）但这对一些日用品却不会产生同样的效果，比如燕麦片和洗碗液。这就证明了，即便释放了多巴胺，普通消费者也不会觉得卫生纸是难以抗拒的诱惑①。但如果你咬了一口店里新推出的肉桂卷，你就会发现自己又往购物车里多放了几件东西。即便你抵挡住了样品的诱惑，你也会因为大脑释放了更多的多巴胺而去寻找一些东西，以满足你奖励的承诺。

研究这个项目的斯坦福研究人员让21位食品专家和营养专家预测结果。令人震惊的是，81%的专家都认为会出现相反的情况，认为样品会降低购物者的食欲，并满足他们对奖励的搜寻。这就证明了，包括专家在内，我们根本没有意识到自己所处的消费环境。实际上，我们周围很多因素都会影响我们的渴望和行为。比如，很多人都相信自己对广告有免疫力，即便有大量证据表明，零食广告会让你更想去冰箱里找点吃的，尤其是当你正在节食、不

① 甜品的样品还会让被试者更想获得与购物无关的奖励，包括去博拉博拉岛度假、看一场爱情电影、去泡温泉。这说明，商家无论推销什么产品，无论是卖房产还是卖豪车，都应该在卖东西时拼命供应饼干。——作者注

能吃零食的时候。

大脑的奖励系统对新鲜感和多样性也会有反应。你的多巴胺神经元会对熟悉的奖励反应较少，即便那是让你真正获得享受的东西，比如每天一杯摩卡咖啡，或者每天同样的午餐套餐。所以说，像星巴克和玩偶匣（Jack in the Box）这样的地方会不断在标准套餐的基础上推出新品，服装零售商会为压箱底的旧款式推出新颜色。这些都不是巧合。我来一杯普通的咖啡吧？嗯，到店里我就点这个。噢，菜单上好像有新东西——白巧克力拿铁？你又激动了吧！你最喜欢的服装目录里有件绞花针织毛衣？太没劲了。但是，等一下，这款毛衣有焦糖棕色和奶油黄色的？今天你又多巴胺分泌旺盛了吧！

此外，还有价格上的巧妙设置，能保证你大脑的原始部分想储存这些稀有资源。从能让你觉得“买到便宜货”的东西、“买一送一”的承诺到高喊“减价 60%！”的招牌，都会打开分泌多巴胺的闸门。特别有效的方法是，在打折零售价旁边加一个高得离谱的“建议零售价”。亚马逊网站就深知这一点，并不停利用这一点对你进行剥削。你的大脑快速计算出省了多少钱，而且（毫无逻辑地）认为这个差价是你赚到的钱。989.99 美元的东西降价到 44.99 美元了？简直就是白送嘛！我都不知道这东西到底是干什么用的，但赶紧放到购物车里吧！如果再给你时间限制或数量限制的话（“店内促销中午截止”“一日促销”“特供最后一件”），你就会像在大草原上抢夺最后一点食物那样，冲上去大抢特抢一番。

卖家也可能通过味觉来让消费者产生并不存在的欲望。让人食欲大开的气味可能很快就会引发你的奖励承诺。当你接触到气味分子的时候，大脑就会开始寻找气味的来源。下一回当你路过快餐店，被法式炸薯条和汉堡的味道所吸引的时候，你要知道，那些香气不是店里的食物飘出来的，而是通过精心设计的装置释放到人行道上的。在嗅香网站（Scent Air）上，气味营销学的领袖人物[1]吹嘘自己是如何引诱参观者走进宾馆底层的冰激凌商店的。通过安装一个气味扩散系统，他们可以在楼梯顶端释放小甜饼的味道，在底层扩散华夫甜筒的香味。普通的路人会认为自己闻到的是甜品的香味。实际上，他闻到的只是经过强化的化学品，这种化学品专门刺激他的多巴胺神经元，让他和他的钱包一起走到楼下去[2]。布鲁明戴尔百货公司（Bloomingdales）会让每个部门散发不同的香味：在母婴用品区，婴儿粉的味道会产生温暖舒适的感觉；在游泳衣区，椰子的味道会让人产生沙滩椰树的联想；在贴身内衣区，“舒缓的紫丁香味”据说能让站在有三面镜子的试衣间里、在明亮的日光灯下试穿内衣的女人心平气和。你可能都不会意识到这些味道，但它们确实能影响你的大脑和你的购物状况。

当然，气味营销学除了能带来利润之外，还有很多的优点。公平地说，气味营销学对世界的贡献不仅仅是多卖了些圆筒冰激凌和比基尼内衣。在一家位于佛罗里达的医院里，核磁共振部门的医生通过在等候区释放沙滩椰树和海洋的气味，成功降低了最后一分钟取消检查预约的概率。一点小小的奖励承诺就能成为缓解焦虑的良药，就能帮助人们走近自己本想逃离的东西。其他行业的服务供应商都能从相似的策略中受益。或许，牙医可以让自己的诊室充满万圣节糖果的味道，税收顾问可以让办公室充满美酒马提尼的味道。

① 嗅香网站（scentair.com）提供了他们能制造的气味的列表，从法国亚麻布到生日蛋糕甚至槲寄生的味道一应俱全。不难想象，零售商会多么希望这些诱人的气味飘荡在商品周围。但我好奇的是，臭鼬的气味、恐龙呼吸的气味、烧焦的橡胶味能服务于什么样的商家。——作者注

② 这种方法可能看起来有点不厚道，但它和联合利华的一种机器比起来不过是小巫见大巫。联合利华发明了一种能探测人们行动的冰激凌自动贩卖机。一旦它感觉到有潜在顾客走过，就会喊住他们，鼓励他们过来购买冰激凌。——作者注

做个多巴胺侦探

我把神经营销学和销售技巧告诉学生们后，他们马上开始寻找日常生活中的实例，证明有多少意志力失效的情况是多巴胺引起的。第二周，学生们带回了自己的故事，比如他们最喜欢的商店是如何控制他们的，有的是用厨具店里燃烧的蜡烛的香味，有的是用购物中心店员发放的刮刮乐折扣卡。他们意识到了，为什么服装店会在墙上张贴裸体模特的照片，为什么拍卖者会从很低的价格起拍。当你开始关注的时候，你就会发现有多少陷阱在等着诱惑你、你的多巴胺神经元和你的钱。

学生们毫无例外地表示，这种观察让自己充满了动力。他们在观察商家的技巧时感到很高兴。这也有助于他们理解一些购物的秘密，比如为什么有些东西在商店里看起来那么吸引人，但回到家却那么令人失望——因为家里没有扰乱你判断的多巴胺。一位女士终于弄明白了，为什么她无聊的时候总想冲进食品商店，不是为了买食品，只是为了进去看看——大脑在引导她寻找刺激多巴胺产生的东西。另一个学生取消了她的商品目录寄送服务，因为她发现，从本质上来说，是商品直邮目录让她分泌多巴胺的。每一张彩色宣传页都会让她产生欲望，这种欲望只能用这家公司的产品来满足。另一名在拉斯维加斯开会的学生终于能看紧自己的钱包了，因为他看透了赌场不停刺激多巴胺神经元的策略——赌场里充满了几乎全裸的广告女郎、随便吃到饱的自助餐以及暗示着胜利的灯光和嗡嗡声。

虽然我们所处的世界总让我们产生欲望，但我们只要用心观察，就能看透一些东西。知道那是怎么一回事并不能完全消除你的欲望，但它能让你至少有机会抗争一下，锻炼一下“我不要”力量。

深入剖析：谁在控制你的多巴胺神经元？

让我们来观察一下，零售商和营销人员究竟是如何刺激奖励承诺的。把逛商店或看广告当作一种游戏。你闻到了什么？看到了什么？听到了什么？当你知道这些暗示都是经过精心设计，专门要诱惑你上钩的时候，你就能看清它们到底是什么，也就能成功抵御它们了。

让多巴胺发挥作用

我们在课上讨论神经营销学的时候，一些学生会不可避免地提出，应该把某些广告和神秘的零售操控手段定为非法。他们的这种冲动是可以理解的，但这几乎是不可能的。想创造一个“安全的”环境需要太多的限制，这几乎无法实现。而且大多数人内心深处也不愿意这样。我们想感觉到自己的欲望，而且在这样一个让我们不断做白日梦的世界里感到很快乐。这就是为什么人们喜欢逛商店、翻奢侈品杂志、在开放日参观豪宅。很难想象一个使多巴胺停止分泌的世界是什么样子的。即便我们被“保护”起来了，无法接触到刺激多巴胺产生的东西，我们也想寻找一些能刺激欲望的东西。

看起来，我们不太可能把奖励的承诺定为非法。那么，我们还是好好利用它吧。我们可以从神经营销学家那里学到一些东西，试着把我们最不喜欢的东西“多巴胺化”。在承诺奖励之后，让我们不开心的家庭琐事可能变得很有吸引力。当奖励在遥远的未来才能实现时，我们可以通过幻想最终的奖励（不是像彩票广告一样哦）从神经元里挤出一点多余的多巴胺。

一些经济学家提出了将“无聊的”事情“多巴胺化”的想法。从存钱养老到及时缴纳税款都是他们所谓“无聊的”事情。想象一下，你有一个能保护钱财的储蓄账户，你可以随时取钱。但你购买了现金奖励更多的乐透彩票，而不是选择获得有保障的低利息。对那些购买乐透彩票但银行里没有一分钱的人来说，如果他们的每一笔存款都能再赢 10 万美金的话，他们对存钱的热情就会更高。或者，想象一下，如果及时缴纳税款并诚实地上报收入和扣除额，你就有可能拿回全年的税款，这会不会让你赶在 4 月 15 日截止日期之前纳税呢？可能美国国税局还没来得及拿出这样的提案，但一家公司很容易就能实施这个方法。这样就可以鼓励人们及时上缴报税表了。

人们一直以来都在用奖励承诺来克服癖好。在戒酒和戒毒的过程中，最有效的干预治疗法被称为“鱼缸法”。通过药物检测的病人有机会从鱼缸中抽出一张纸。一半的纸上写着一个价格，从 1 美元到 20 美元不等。有一张纸上写着较大的奖励——100 美元。另一半的纸上没有写价格，而是写着“继续努力”。这就意味着，当你向鱼缸伸手的时候，你有可能获得价值 1 美元的奖励或是一句鼓励的话。这应该不算什么激励作用，但它确实能起作用。在一项研究中，83% 可能拿到“鱼缸奖励”的病人坚持了整整 12 周的治疗，而使用普通治疗法、没有奖励承诺的病人只有 20% 坚持了下来。80% 有“鱼缸奖励”的病人通过了药物测试，而接受普通治疗的病人只有 40% 通过了测试。治疗结束后，和使用普通治疗方法的人比起来，使用“鱼缸法”的人更不容易故态复萌——即便那时已经没有奖励承诺了。

这真的让人觉得很神奇！“鱼缸法”竟然比花钱让患者通过药物测试更管用！事实上，患者最后从鱼缸中拿到的“奖励”要比他们想象的少很多。这就证明了，难以预料的奖励究竟有多么强大的力量。和有保证的小奖励相比，我们的奖励系统面对可能获得的大奖会更加兴奋。它会促使我们去做任何可能获奖的事。这就是为什么人们宁愿买乐透彩票，也不愿意把钱存到银行里，赚取有保障的 2% 的利息。这也就是为什么，即便是公司底层的员工也相信自己有朝一日能成为 CEO。

意志力实验：为了你的“我愿意”挑战分泌多巴胺

我的学生通过使用音乐、时尚杂志和电视，让自己在做通常会推迟的任务时，产生更多多巴胺，帮助他们找到了解决办法，比如带上可怕的文书工作走进自己喜欢的咖啡厅，边喝热巧克力边完成工作，或是极富创意地买一堆刮刮乐彩票，把它们放在你想拖延的项目周围。还有一些人想象自己努力工作后取得的最佳结果，让未来的奖励显得更加真实。如果有什么事让你觉得很不愉快，所以你总是拖延着不去做，你能不能把它和能让多巴胺神经元燃烧的事联系在一起，从而促使自己去做呢？

拖延症患者为了“我要做”的挑战分泌多巴胺

南希最小的儿子也在10年前就大学毕业了，家里空空荡荡的，她不知怎么处理空出来的房子。她把儿子曾经的卧室变成了“备用”的屋子，但这些年来，这间屋子更像个仓库。每当她不知把东西放到哪里的时候，她就把它扔进备用屋子里。她想整理一下这间屋子，把它变成客房，而不是需要藏着掖着的房间。但每次打开门的时候，她都觉得自己没法完成这项任务。打扫这间房间就是对她的意志力挑战。直到我们提出“奖励承诺”这个办法，南希才找到了解决问题的方法。她的灵感来自一项研究。这项研究指出，圣诞音乐和节日的味道放在一起能让购物者更愉悦，让他们更愿意待在商店里。对很多人来说，“铃儿响叮当”的旋律加上新鲜的冷杉树味，就能让他们回忆起最美好的“奖励承诺”——圣诞节早上起床时发现一大堆礼物。南希决定用节日音乐和蜡烛（这个用起来很方便，因为它们就在这间备用屋子里！）帮助自己完成清理的任务。虽然她一直都不愿开工，但她很享受这种略带激动地打扫房间的感觉。真正做起来并没有想象中那么可怕，美妙的多巴胺帮她找到了开工的动力。

多巴胺的阴暗面

多巴胺可以有很强的促进作用，而且即便它诱惑我们去买甜点或透支信用卡，我们也很难把这种小小的神经递质叫作“邪恶的东西”。但多巴胺确实有阴暗的一面。如果我们注意观察的话，不难发现这一点。如果我们能够停下来观察一下，自己在有所渴望的时候，大脑和身体中究竟发生了什么事情，我们就会发现，奖励的承诺带给我们的压力和快乐几乎不分上下。渴望并不是总能让我们感觉良好。有时候，它会让我们觉得自己堕落了。这是因为，多巴胺的首要功能是让我们追求快乐，而不是让我们快乐。它并不介意给我们来点压力，即便这会让我们在追求快乐的时候觉得不快乐。

为了促使你追寻目标，奖励系统有两大武器——胡萝卜和大棒。当然，胡萝卜就是奖励的承诺。大脑中有一部分区域会预见快感和计划行动，释放多巴胺的神经元会刺激这些区域，给人们带来奖励的承诺。当这些区域充满多巴胺的时候，你就会感到欲望——这就是让马向前跑的胡萝卜。但奖励系统还有第二个武器，那更像众所周知的大棒。当你的奖励系统释放多巴胺的时候，它同样也向大脑的压力区域发出了信号。在大脑的这个区域里，多巴胺刺激了压力荷尔蒙的释放。结果是，当你期待目标时，你也感到了焦虑。这时候，我们很需要得到自己想要的东西，那种感觉就像生死攸关、命悬一线。

研究人员在想吃巧克力的女性身上观察到了这种欲望和压力交织的状态。当这些女性看到巧克力的时候，她们会产生吃惊的反应。这种生理反应与警报、警醒有关，就像在野外看到了捕食者一样。当研究人员询问她们的感觉时，她们说既快乐又焦虑，还会觉得有点失控。处于相似的情况之下时，我们会认为，引起这种反应的东西给我们带来了快乐，暂时无法得到这种东西给我们带来了压力。我们没有意识到，我们渴望的东西既是快乐的源泉，也是压力的源泉。

深入剖析：欲望的压力

大部分人会更关注对快乐的承诺，而不关注多巴胺刺激欲望时感觉到的不快乐。这一周，看看你能否发现渴望会引发压力和焦虑。如果你屈服于诱惑的话，你觉得这是自己对奖励承诺的反应，还是在缓解焦虑？

购物者感到焦虑，但仍然遵守承诺

每当伊冯想感觉快乐的时候，她就会去商场。她确信，购物会让自己感到快乐。因为无论她是无聊还是心烦了，她想要的都是购物。她从来没有注意过自己购物时复杂的感受，但她接受了本周的任务，准备观察一下自己。她发现，自己最快乐的时候是在去购物的路上。开车到购物中心去的时候，她充满了希望，非常兴奋。当她到达商场，从中心区域开始逛街的时候，她感觉非常好。但当她进了商店之后，这种感觉就发生了变化。她觉得很紧张，尤其是商店刚好比较拥挤的时候。她好像被什么催着一样迅速穿过商店，而且总觉得时间很紧张。排队等着结账的时候，她注意到自己非常不耐烦，而且很焦虑。如果在她前面的顾客买了很多东西，或是在退货，她就会开始发怒了。直到走到结算的地方，把信用卡递给收银员之后，她才觉得解脱了，但却没有买东西前的那种快感。伊冯意识到，前往购物中心途中感到的希望和兴奋正是驱使她去那里的胡萝卜，焦虑和气愤则是驱使她排队的大棒。她在回家途中远没有去购物时那么兴奋。

对很多人来说，这个发现会让他们对奖励感到不满，然后远离奖励。吃薯片上瘾的人会带着怀疑的眼光打量一包薯片，晚上不睡觉也要看电视的人会把天线拔掉。但伊冯选择了一种新的策略：为了获得快乐而购物。她最喜欢去购物中心的感觉，但花钱让她觉得有压力。她打定主意不买东西，于是把信用卡放在家里，这样就不会超支了。令人吃惊的是，她从购物中心回家的时候，远比她花了很多钱时更快乐。

当你理解了所谓的“奖励”到底给自己什么感觉时，你就能做出最明智的决定，知道该怎样“奖励”自己了。

误把奖励的承诺当幸福

当奥尔兹看到他的小白鼠拒绝了食物，在电网上跑来跑去的时候，他犯了一个我们都会犯的错误，即误解了多巴胺促使我们做的事。通过观察自己的主要关注点，通过观察自己最常关注的东西、一直想满足的欲望和愿意去做的工作，甚至是折磨自己的东西，我们就能发现自己想要的东西。我们以为，这就证明了我们渴望的对象一定能让我们觉得快乐。我们看着自己买下第1000块糖、新的厨具、另一杯饮料。我们让自己精疲力竭地追求新伴侣、更好的工作和最多的股票收益。我们误把渴望的感觉当作快乐的保证。难怪奥尔兹看着那些小白鼠电击自己直到力竭而亡的时候，会认为它们很快乐。人类觉得，不可能把奖励的承诺和我们正在寻找的快乐或回报区分开来。

奖励的承诺有很大的力量，它会让我们继续追求那些不会带给我们快乐的东西，会让我们消费那些不会带来满足感，只会带来更多痛苦的东西。追求奖励是多巴胺的主要目标，所以，即便你经历的事物和原本承诺的并不相符，它也不会给你释放“停下来”的信号。布莱恩·文森克（Brian Wansink）是康奈尔大学食物和品牌实验室主任，他用常在费城电影院里看电影的人证明了这个观点。电影院提供特别的爆米花，无论是样子还是气味都刺激所有人的多巴胺神经元。消费者像巴甫洛夫的狗一样，排着长队，伸着舌头，流着口水，等着吃到第一口。文森克请电影院的售货摊把14天前生产的爆米花卖给消费者。他想知道这些看电影的人还会不会继续吃。他们是会相信大脑的直觉，认为电影院里的爆米花总是好吃的，还是会发现爆米花的味道不对，进而不愿吃爆米花了。

电影散场后，常来看电影的人都表示两周前的爆米花真的很难吃。它们不新鲜、泡过水、简直让人恶心。但他们有没有痛骂卖爆米花的摊位并要求退款呢？没有。他们照样把爆米花吃掉了。和平常吃新鲜爆米花时比起来，他们吃掉了那个量的60%！他们相信自己的多巴胺神经元，而不是自己的味蕾。

我们肯定会挠着头问，这怎么可能？但没有几个人能对此有免疫力。想一想你最大的“我不要”的意志力挑战吧。那很可能是一件让你觉得快乐的事——或者，如果你能得到足够多的话，它就会让你觉得快乐。但仔细分析一下那种经历和它的后果，你就会发现结果总是事与愿违。最好的情况是，屈服于欲望消除了“奖励承诺”带来的焦虑——这种焦虑会让你想要更多的东西。但是最终，你会非常崩溃，感到不满、失望、羞愧、疲惫、恶心，或者觉得没有刚开始那么快乐了。越来越多的证据表明，当人们注意到奖励的承诺不过是假象时，魔咒就解开了。如果你强迫你的大脑，让它一边期待着奖励——获得快乐、幸福和满足，结束痛苦和压力，一边真切地感受现实状况，那么大脑最终会调整它的期望值。比如，当暴食者放慢了进食的速度，真正去品尝那些曾让他们产生渴望并狼吞虎咽的东西时，他们通常发现食物看起来、闻上去要比吃起来好得多。即便嘴巴和胃口都满了，他们的大脑仍想要更多。只有他们吃得更多的时候，焦虑感才会增加。有时，他们狼吞虎咽时根本没有尝到食物的味道，因为他们吃得太快了。他们这样做之后又会觉得身上或心里更不舒服了。首先，这让他们很烦恼。毕竟，他们真的认为食物是快乐的源泉。但研究表明，有意识地控制进食的人面对食物时有更强的自控力，更能避免狼吞虎咽。一段时间后，他们不仅体重减轻了，压力、焦虑或抑郁也减少了。当我们把自己从错误的奖励承诺中解放出来时，我们常常发现，我们误以为的快乐源泉，其实正是痛苦的根源。

意志力实验：测试奖励的承诺

找一个常常让你放纵自己的诱惑因素，测试一下奖励的承诺。你之所以会受到诱惑，是因为大脑告诉你，你会很快乐。学生们最常见的选择是零食、购物、电视和电子邮件、纸牌游戏等和网络相关的浪费时间的事情。请关注你放纵的过程，不要急着去体验。注意这种奖励的承诺给你什么感觉。期待、希望、兴奋、焦虑、流口水……你的大脑和身体感觉到了什么。然后，允许自己接受诱惑。和你的期望比起来，这种体验怎么样？奖励的承诺有没有消失？它是否仍然促使你吃得更多、花得更多、待得更久？什么时候你会感到满足？你是否达到了一种没法继续的程度，因为你太饱了、太累了、太沮丧了、没时间了，或是无法得到“奖励”了？

进行这项练习的人通常会有两种结果。一些人会发现，当他们真的关注放纵的感受时，他们实际上并不需要自己想象中那么多的东西。另外一些人发现，这种体验完全无法让他们满足。这就暴露了奖励的承诺和实际体验之间的差别。这两种观察都会让你对曾经无法控制的事有更强的自控力。

欲望的重要性

你在找医生要抗多巴胺药物前，需要好好考虑奖励承诺的上一个环节。当我们错把欲望当快乐的时候，我们就遇到麻烦了。这时候，解决问题的方法不是消除欲望。没有欲望的生活可能不需要这么多自控，但那也不能称为生活了。

瘾君子失去了欲望

亚当是个自制力很差的人。33 岁时，他每天的生活都包括 10 瓶酒和 1 剂强效可卡因，有时还包括额外奖励自己一些摇头丸。他 9 岁开始喝酒，13 岁开始使用可卡因，成年后对大麻、可卡因、鸦片和摇头丸上了瘾，滥用药物可谓由来已久。

有一天，他从聚会上直接被人送到了急诊室。从此，一切都发生了改变。在急诊室里，他迅速吞下了身上所有的毒品，以免被抓到携带毒品（这可不是什么明智的举动，但说实话，他那时候神志确实不怎么清醒）。可卡因、摇头丸、氧可酮和美沙酮混合在一起是非常危险的，它们使他的血糖降低、大脑缺氧，几乎要了他的命。

虽然他最后醒过来了，也搬出了特别护理病房，但短暂的缺氧却给他造成了很大的影响。亚当失去了对毒品和酒精的欲望。他每天的毒品摄入量得到了控制，接下来 6 个月里的毒品测试也证明了这一点。这种神奇的改变并不是上天的启示，也不是触及死亡时的警醒。用亚当自己的话说，他只是没有吸毒的欲望了。

听起来，事情似乎是往好的方向发展了。然而，他失去的不仅仅是对可卡因和酒精的欲望，还有所有的欲望。他没法想象有什么东西能让他快乐。他身体的能量消失了，集中注意力的能力也消失了。他变得更加孤僻了。当他不再期待快乐的时候，他便失去了期望，最终陷入了严重的抑郁。

欲望消失是由什么引起的？亚当的主治医生，也是哥伦比亚大学精神病学家，对他的大脑进行了扫描。在他过度吸毒导致缺氧的那一段时间里，他大脑的“奖励系统”受损了。

亚当的案例登在了《美国精神病学期刊》上。他的例子很不同寻常，因为他从瘾君子一下子变成了完全没有“我想要”力量的人。不过，还有很多人也失去了渴望，不再需要快感。心理学家称之为“快感缺乏”。从字面上就能看出它的意思——“没有快乐”。快感缺乏的人认为生活就是一系列的习惯，他们没有对满足感的期待。他们可以吃东西、购物、社交，甚至有性生活，但不会期待从中获得快乐。当他们不再需要快感的时候，他们就失去了动力。如果你想不出任何一件让你感觉良好的事，你就很难从床上爬起来做事。这种毫无欲望的状态耗尽了希望，也夺走了很多人的生命。

当我们的奖励系统平静下来时，我们并不会感到满足，而更可能表现得冷漠。这就是为什么很多帕金森病人会觉得抑郁，而不是安宁，因为他们的大脑无法产生足够的多巴胺。实际上，神经科学家现在怀疑，不够活跃的奖励系统正是抑郁症的生理学基础。科学家观察抑郁症患者的大脑活动后，发现即便是面临唾手可得的奖励，这些人的奖励系统也不会变得活跃起来。他们的奖励系统并非完全不活动，只是不能创造出完整的“我想要”或“我想得到它”的感觉。这就使很多有抑郁倾向的人失去了渴望，没有了动力。

奖励的悖论

如果你和我的大部分学生一样的话，你肯定在想，这些东西到底能告诉我们什么？奖励的承诺并不能保证快乐，但没有奖励的承诺却肯定会带来不快乐。有了奖励的承诺，我们就会屈服于诱惑。没有奖励的承诺，我们则会失去动力。

没有一个简单的方法能解决这个困境。很显然，我们需要奖励的承诺，让我们保持对生活的兴趣，并继续生活下去。如果我们幸运的话，奖励系统会继续这样为我们服务下去。同时，我们也希望它不要和我们作对。我们所处的世界充满了科学技术、广告和各种各样的机会，我们总是会产生欲望，却很少得到满足。如果我们想拥有自控力，就需要区分让我们的生活有意义的真实奖励，和让我们分散精力、上瘾的虚假奖励。学会区分这两种奖励，也许是我们能做到的最好的事了。这并不是件简单的事。但如果你了解大脑中发生的事情，它就会变得简单一些。如果我们能记住奥尔兹和米尔纳不停按杠杆的小白鼠，那么我们在受到诱惑的瞬间就能清楚记得，不要去相信大脑的弥天大谎。

写在最后的话

欲望是大脑的行动战略。正如我们看到的，它可能对自控构成威胁，也可能是意志力的来源。当多巴胺让我们屈服于诱惑的时候，我们必须区分渴望和快乐。我们也可以利用多巴胺和奖励的承诺来激励自己和他人。最后，欲望没有绝对的好坏之分，重要的是欲望将我们引向哪个方向，以及我们是否足够明智，知道什么时候该听从欲望的声音。

本章总结

核心思想：我们的大脑错把奖励的承诺当作快乐的保证，所以，我们会从不可能带来满足的事物中寻找满足感。

深入剖析：

· 是什么让你的多巴胺神经元不停燃烧？是什么给了你奖励的承诺，迫使你去寻找满足感？

· 神经营销学和环境的刺激。观察一下零售商和营销人员如何刺激奖励的承诺。

· 渴望的压力。注意观察，欲望是如何引发压力和焦虑的。

意志力实验：

· 为了你的“我要做”挑战释放多巴胺。如果你总是拖延着不做某些事，试着把它和那些能让你的多巴胺神经元燃烧的事联系在一起，促使你自己去做那些事。

· 测试奖励的承诺。做那些大脑告诉你你会快乐但似乎无法让你满足的事，比如吃零食、购物、电视以及与网络相关的、浪费时间的事，注意观察自己放纵时的感受。现实和大脑的承诺相符吗？

当你情绪低落的时候，你会怎么让自己高兴起来呢？如果你和大多数人一样，你就会选择奖励的承诺。美国心理学家协会的调查显示，缓解压力最常见的方法就是那些能激活大脑奖励系统的方法——吃东西、喝酒、购物、看电视、上网和玩游戏。为什么不呢？多巴胺向我们承诺，我们会感觉良好的。因此，当我们想更快乐的时候，释放大量的多巴胺是再自然不过的做法了。我们把这种反应称为“缓解压力的承诺”。

想得到快乐是一种健康的生存机制。它和远离危险一样，都是人类的本能。但是，我们要选择一种好的缓解压力的方式。正如我们所知，奖励的承诺并不总意味着我们会得到快乐。通常，我们缓解压力的办法反而会让我们更有压力。美国心理学家协会曾做过一次关于压力的全国性调查。调查发现，最常用的缓解压力的方法恰恰是使用者觉得最没有效果的。比如，通过吃东西来缓解压力的人里面，只有 16% 认为这种方法确实有效。另一项调查发现，女性在感到焦虑或抑郁的时候，很有可能会去吃巧克力，但她们这一解压方法的唯一效果，就是带来更大的罪恶感。这当然不是我们在吃自己最爱吃的东西时想要的感觉。

在研究压力、焦虑、罪恶感对自控力的影响时，我们发现，情绪低落会使人屈服，而且经常是以令人吃惊的方式屈服。令人恐惧的吸烟警示会让烟民更渴望香烟，经济危机会让人更想购物，晚间新闻会让人吃得更多。不，这可不符合逻辑，但人性就是这样。如果我们想避免压力导致的意志力失效，我们就需要找到一种方法，让自己既快乐又不屈服于诱惑。我们也需要放弃一些自控策略，比如罪恶感和自我批评，因为这些东西只会让我们情绪更低落。

为什么压力会勾起欲望？

其实，当我们情绪低落时，大脑更容易受到诱惑。科学家想出了一些聪明的办法，让他们的实验对象承受巨大的压力。他们的实验结果往往是一样的。当吸烟者想象自己要去看牙医的时候，他们抽烟的欲望强烈得难以估量。当暴饮暴食的人知道自己要去作公开演讲的时候，他们会渴望高脂肪、高糖分的食物。用无法预料的电击对实验小白鼠施加压力，它们就会疯狂地渴望糖类、酒精、海洛因，或是研究人员放在笼子里的任何奖励。在实验室外面，现实世界的压力会让戒烟、戒酒、戒毒、节食的人更容易重蹈覆辙。

为什么压力会带来欲望呢？因为这是大脑援救任务的一部分。此前，我们看到了压力是如何引发应激反应的。应激反应是身体内部相互协调的一系列变化，让你能在面临危险的时候保护自己。但人脑不仅仅会保护人的生命，它也想维持人的心情。所以，当你感到压力时，你的大脑就会指引着你，让你去做它认为能带给你快乐的事情。神经科学家证明了，压力包括愤怒、悲伤、自我怀疑、焦虑等消极情绪，会使你的大脑进入寻找奖励的状态。只要你的大脑和奖励的承诺联系起来，你就会渴望得到那个“奖励”。你确信，只有获得那个“奖励”才是得到快乐的唯一方法。比如，当可卡因瘾君子回忆起与家人的一次争吵，或在工作中受到批评时，他大脑中的奖励系统就会被激活，这会让他强烈渴望可卡因。应激反应中释放的压力荷尔蒙，同样会提高多巴胺神经元的兴奋程度。这就意味着，当你面对压力时，你面前的所有诱惑都会更有诱惑力。比如，在一项调查中，被试者需要回忆自己一次失败的经历。这会让他们情绪低落。研究人员对比了一下，在被试者情绪变化前后，巧克力蛋糕对他们的诱惑力有多大。情绪低落会让人觉得蛋糕变得更诱人了，但即便是那些声称自己不喜欢巧克力蛋糕的人也会突然想吃点，因为这会让自己高兴起来。

当我们毫无压力时，我们知道食物并不能让自己快乐。但当我们处在巨大的压力之下，大脑的奖励系统还不停向我们尖叫“冰箱里有一盒本杰里牌雪糕”时，我们就会把这些忘得一干二净。压力把我们引向了错误的方向，让我们失去了理性，被本能支配了。这就是压力和多巴胺“强强联手”的力量。我们一次又一次地败下阵来，采用那些不起作用的应对策略，而我们简单的大脑还固执地认为那就是获得幸福的正确途径。

奖励的承诺和缓解压力的承诺会导致各种各样不合逻辑的行为。比如，一项经济学研究发现，那些对自己的经济状况表示担忧的女性，会通过购物来排解内心的焦虑和压抑。是的，你没看错，就是购物！这完全违反理性，因为她们这样做只会让信用卡债务越来越多，反而会加剧她们的焦虑情绪。但是，对于只想获得快乐的大脑来说，这是最好不过的解决方法。如果你相信购物在某种程度上可以让你更快乐，你就会通过购物来缓解因债务引发的压力。当暴饮暴食的人为体重增加或缺乏自控力感到羞愧的时候，他们会怎么做呢？他们会吃更多的东西来抚慰自己的情绪。当拖延症患者想到自己已经远远落后于进度的时候，他们会万分焦虑，这反而让他们继续拖延下去，不去面对落后于进度的事实。在每个案例中，“想要更快乐”这个目标总是战胜了自控力的目标。

深入剖析：缓解压力的承诺

当你感到压力、焦虑或心情低落的时候，你会怎么做呢？你生气时会不会更容易受到诱惑？你是不是会更难集中注意力，或更容易拖延呢？情绪低落是如何影响你的意志力挑战的？

意志力实验：尝试一种有效的解压方法

虽然很多流行的解压方法没什么用，但有些策略的确管用。美国心理学家协会的调查发现，最有效的解压方法包括：锻炼或参加体育活动、祈祷或参加宗教活动、阅读、听音乐、与家人朋友相处、按摩、外出散步、冥想或做瑜伽，以及培养有创意的爱好。最没效果的缓解压力的方法则包括：赌博、购物、抽烟、喝酒、暴饮暴食、玩游戏、上网、花两小时以上看电视或电影。

有效和无效的策略最主要的区别是什么？真正能缓解压力的不是释放多巴胺或依赖奖励的承诺，而是增加大脑中改善情绪的化学物质，如血清素、γ－氨基丁酸和让人感觉良好的催产素。这些物质还会让大脑不再对压力产生反应，减少身体里的压力荷尔蒙，产生有治愈效果的放松反应。因为它们不像释放多巴胺的物质那样让人兴奋，所以我们往往低估了它们的作用。我们之所以忽略它们，不是因为它们不起作用，而是因为当我们面对压力时，大脑一再做出错误的预测，不知道什么才能让我们快乐。也就是说，我们经常阻止自己去做真正能带来快乐的事。

下一回，当你面对压力，即将做出缓解压力的承诺时，可以考虑尝试一下更有效的解压方法。

记住有效方法的一点小帮助

丹尼斯负责的高科技项目正处于起步阶段。只要工作上遇到困难，她就奖励自己一瓶红酒，同时浏览自己最喜欢的房地产网站。她会把那些无穷无尽、让人看得头晕的房产都浏览一遍，客厅、厨房，还有后花园。她不只看自己现在住的街区，还看远在波特兰、罗利或迈阿密的待售房屋。大约一个小时后，她的感觉更多是麻木，而不是放松。（更不用说，她还对自家房子的建筑面积和不是大理石的厨房台面感到了不满。）

几年前，丹尼斯的工作强度没有那么高，她喜欢下班后去做个瑜伽。做瑜伽既能让她放松身体，又能让她精神焕发。她知道，做瑜伽比喝着红酒看房地产信息更能让她快乐。但每当她想到要去上课的时候，她总觉得很麻烦，回家喝杯酒的欲望也变得更强烈了。作为课程实验的一部分，丹尼斯答应至少去上一次瑜伽课。她真正去上课之后，觉得那比记忆中的感觉还要好。她甚至不敢相信，自己竟会在将近三年的时间里不断说服自己不要来上课。她知道，自己很可能会再次忘记这种感觉，回到原来的作息规律。因此，她在课后用手机存了一个语音备忘，描述自己做完瑜伽后的美妙感觉。当她受到诱惑想逃课的时候，她就会听听这个语音备忘，提醒自己，不能在压力面前相信自己的冲动。

有没有什么东西能提醒面对压力的你，到底什么才能让你感到更快乐？在你感到压力之前，你能不能先想出一些鼓励自己的方法？

如果你吃了这块饼干，恐怖分子就赢了

昨天晚上，我犯了个错误，看了晚间新闻。第一个报道是恐怖分子在美国制造的一起未遂的爆炸案件，接下来的报道是海外导弹袭击，然后是杀害

前女友的年轻男子被捕。在广告时间之前，新闻主播说接下来会介绍“日常饮食中意想不到的致癌物质”。然后便是一个汽车广告。

过去，这常常会让我感到困惑——为什么企业要在这么压抑的节目中间插播广告呢？他们难道真想让观众把自己的产品和晚间新闻里可怕的报道联系在一起吗？在听完一起残忍的谋杀案或恐怖袭击后，谁还会有心情看百货公司的商品呢？但事实证明，我可能会去看，你也可能会去看，这是一种叫作“恐惧管理”的心理现象。

根据“恐惧管理”理论，当人类想到自己的死亡时，很自然会觉得害怕。我们可以暂时避开危险，但终究逃不过宿命。每当我们想起自己不可能永生时（比如，看晚间新闻的时候，每 29 秒我们就会有一次这样的想法），大脑就会产生恐惧的反应。我们并非总能意识到这一点，因为焦虑可能还没有浮出水面，还没有产生强烈的不适感，或者我们并不知道这是为什么。即使我们意识不到这种恐惧，它还是会让我们立即做出回应，对抗自己的无力感。我们会去寻找保护伞，寻找任何能让自己觉得安全、有力量、得到安慰的东西。（2008 年，贝拉克·奥巴马曾指出过这一点，但这给他带来了不少麻烦。他告诉旧金山的市民，在某些时候，人们需要“依靠枪支或宗教”。）抛开政治问题不谈，“恐惧管理”理论还能为我们解释很多关于意志力失效的问题。当我们感到恐惧时，我们不只依靠枪支和上帝。我们中的很多人还会依靠信用卡、纸杯蛋糕和香烟。研究发现，当我们意识到自己不会永生时，我们会更容易屈服于各种诱惑，就像是在奖励和减压的承诺里寻找希望和安全感一样。

例如，一项关于杂货店购物者的调查发现，当人们想到自己的死亡时，他们就会买更多的东西，更愿意购买给自己安慰的食物，也会吃更多的巧克力和曲奇饼干。（现在，我终于明白超市把殡仪馆宣传册放进购物车的营销策略了。）另一项调查发现，新闻中的死亡报道会让观众对豪华轿车、劳力士手表等彰显身份地位的东西产生更积极的回应。这并不是说，我们认为一块劳力士手表就能让自己不被导弹打中，而是这些商品提升了我们的自我形象，让我们感到充满力量。对很多人来说，购物是让自己更乐观、更有掌控感的快速途径。这就是美国人为什么在“9·11”事件后如此愿意接受小布什总统的提议：“我和我夫人鼓励美国人购物。”

我们不需要用“飞机撞大楼”来按下内心的恐惧按钮。事实上，根本不需要用真实的死亡来威胁我们，让我们开始消费——电视剧和电影就能造成这种效果。一项研究显示，看完 1979 年催泪大片《舐犊情深》（*The Champ*）中的死亡场景后，人们会花三倍的价钱购买原本不需要的东西（而且之后肯定会后悔）。更重要的是，这项研究的被试者并没有意识到看电影影响了他们的购物选择。当他们有机会购买隔热水瓶的时候，他们认为只是自己想要这个水瓶而已。（相反，那些看了国家地理频道“大堡礁特辑”的人则对水瓶毫不感冒，牢牢守住了自己的钱包。）毫无疑问，我们家里有一半的东西都是这么买回来的，我们的信用卡账单也是这样累积起来的。我们觉得心情有点糟糕，此时正好有机会购物，脑子就会有个微弱的声音（或许是多巴胺神经元）告诉我们：“买这个吧——你只是不知道自己想要这个！”

“恐惧管理”的方法能让我们不去想那个不可避免的死亡。但当我们在诱惑中寻找慰藉的时候，我们是在不自觉地加速迈向坟墓的脚步。下面就是一个很恰当的例子——烟盒上的警告会提高烟民抽烟的欲望。2009 年的一项调查显示，死亡的警告会让烟民感到压力和恐惧——这正是公共健康司的官员所希望看到的。不幸的是，这种焦虑会让吸烟者用默认的方法缓解压力——吸烟。天啊，这完全不符合逻辑。但根据我们所知的压力对大脑的影响，这却是合理的。压力引发欲望，并使多巴胺神经元在诱惑面前表现得更加兴奋。所以，当烟民看到烟盒上的警告时并不会想到戒烟。即使烟民的脑子里出现了一句话“警告：吸烟会引发癌症”，或是意识到自己在和死神抗争，他们大脑的另一部分也会尖叫："别担心，抽根烟会让你更快乐！"

用令人作呕的肿瘤、尸体的图片和图表来警告烟民，这似乎已经成了一种全球性的趋势。这可能是个好主意，也可能不是。根据"恐惧管理"理论，图片越是吓人，就越会促使烟民用抽烟来缓解焦虑。但这些图片确实能有效防止人们养成吸烟的习惯，也能让烟民下定决心戒烟。虽然我们还无法断定这些警告能否减少吸烟现象，但我们应该对此密切关注，因为它们有可能会带来计划之外的后果。

深入剖析意志力：是什么吓到了你？

这一周，请注意观察什么事情会引发你大脑里的"恐惧管理"。是你在媒体或网络上听到或看到的东西吗？你会在社区运动场上感染新型食肉细菌吗？非洲杀人蜂这次会从哪里飞过来？哪栋大楼被炸了？哪里发生了致命车祸？谁惨死在家中？（如果你想再多学点东西的话，还可以看看商家怎么利用你的恐惧宣传他们的产品。它们和你的意志力挑战有关系吗？）别人还可能怎么利用你的恐惧，让你产生对安慰的渴望？

有时候，"恐惧管理"带来的不是诱惑，而是拖延。我们最想拖延的很多事情，都和死亡有或多或少的关联，比如预约看医生，按处方开药，遵医嘱服药，保管法律文件和写遗嘱，存钱养老，甚至是扔掉自己绝不会用到的东西和不合身的衣服。如果你总想推迟或总是"忘记"去做某些事情的话，这是不是因为你无法面对自己的脆弱？如果是这样的话，正视恐惧会帮助你做出理性的选择。因为，改变我们能理解的动机，总是比改变我们看不到的影响要容易。

晚上吃零食的人学会看电视

瓦莱丽每天晚上都会让客厅的电视开上一到两个小时。这时，她会打扫房间或安排孩子明天的各种活动，用电视作为背景音。她一般会打开新闻频道，这个频道主要报道寻人启事、未解之谜和真实的犯罪案件。这些报道引人入胜，尽管她有时候宁愿自己没看见某张犯罪现场照片，但她还是不能移开视线。我们在课上谈到“恐惧管理”时，她才第一次真正意识到，每天听这么多骇人听闻的消息会给自己带来什么影响。她开始怀疑，自己晚上想吃咸的或甜的零食（这是她的意志力挑战之一），跟这些绑架女童和杀妻案是否有关。

瓦莱丽开始留意自己看新闻时的感觉，特别是看有关孩子的悲惨故事时的感觉。在第二周的课上，她说：“这太可怕了，我觉得一阵恶心，胃里很不舒服，但我好像不得不继续看下去。情况看起来很危急，但其实这与我无关。我不知道我为什么这样对待自己。”她决定换台，不再看这个充满可怕事件的频道，换一些不会带来太大压力的频道作为背景音，比如音乐、视频或电视剧重播频道。在接下来的一周里，每天晚上，她都不会心头乌云密布了。更妙的是，当她不再看这些恐怖的节目，而是换成了休闲频道，她发现自己不再把给孩子午餐准备的一整袋什锦干果仁吃光了。

请花上 24 个小时，远离那些会让你产生恐惧的电视新闻、访谈节目、杂志或网页。如果你觉得自己不关注那些正在发生的大事小事，世界末日也不会降临的话，就请别在这些媒体上毫无意义地消磨时光了。

“那又如何”效应：为什么罪恶感不起作用？

在问酒保要吉尼斯黑啤酒之前，一个 40 岁的男人拿出了他的掌上电脑，打了一句话“第一杯啤酒，晚上 9 点零 4 分”。他打算喝多少？最多两杯。

几公里外，一个年轻女人参加了联谊会。10分钟后，她在自己的掌上电脑上输入“一杯伏特加”。派对才刚刚开始！

纽约州立大学和匹兹堡大学的心理学家与癖嗜研究人员开展了一项研究，参与者就是这群喝酒的人。参加实验的有144名成年人，年龄从18岁到50岁不等。他们每人配备了一台掌上电脑，记录自己的饮酒情况。每天早上8点，被试者都要登录系统，汇报他们头天晚上饮酒的感受。研究人员想要知道，当被试者喝的比自己想喝的多时，会发生什么事情。

毫无意外，头天晚上喝了太多酒的人第二天早上会感到痛苦，会觉得头疼、恶心、疲倦。但他们的痛苦不仅仅源于宿醉。很多人还感到罪恶和羞愧。这才是真正让人感到困扰的。当被试者因为前一晚饮酒过量而情绪低落时，他们更可能在当天晚上或以后喝更多的酒。罪恶感驱使他们再度饮酒。

欢迎关注世界范围内意志力的最大威胁之一：“那又如何”效应。第一次提出这种效应的是饮食研究人员珍妮特·波利维（Janet Polivy）和皮特·赫尔曼（C.Peter Herman）。这种效应描述了从放纵、后悔到更严重的放纵的恶性循环。研究人员注意到，很多节食者会为了自己的失误，比如多吃了一块比萨或一口蛋糕[①]，而感到情绪低落。他们会觉得，自己的整个节食计划似乎都落空了。但是，他们不会为了把损失降到最低而不吃第二口。相反，他们会说：“那又如何，既然我已经破坏了节食计划，不如把它吃光吧。”

不只是吃错东西会让节食者引起“那又如何”效应，比别人吃得多也会产生一样的罪恶感，会使节食者吃得更多或后来偷偷暴饮暴食。任何挫折都会引起这种恶性循环。在一次不是很理想的研究中，波利维和赫尔曼让节食者想象自己增重了5磅。节食者对此感到很沮丧，产生了罪恶感，并对自己

① 我们吃什么最可能后悔？《好胃口》（*Appetite*）杂志2009年的一项调查指出，最容易引起罪恶感的食物包括：1.糖果和雪糕；2.薯片；3.蛋糕；4.甜点；5.快餐。——作者注

感到失望。但他们并没有下定决心去减肥，而是立刻吃下了更多的东西，以此来抚慰自己的情绪。

减肥者并不是唯一受到“那又如何”效应影响的人。任何意志力挑战中都会出现这样的恶性循环。人们观察发现，想戒烟的烟民、想保持清醒的酒徒、想节省开支的购物者，甚至是想控制性冲动的恋童癖，都会经历这种循环。无论是什么样的意志力挑战，模式都是一样的。屈服会让你对自己失望，会让你想做一些改善心情的事。那么，最廉价、最快捷的改善心情的方法是什么？往往是做导致你情绪低落的事。这就是为什么，刚开始你只想吃几片薯片，最后却连油腻的空包装袋底部的小碎渣都不放过。这也就是为什么，在赌场输掉 100 美元会让你想下更大的赌注来赌一把。你会对自己说：“反正我的减肥计划（支出计划、戒酒计划、各种决心）已经失败了，那又如何，我还不如好好享受人生呢。”关键是，导致更多堕落的行为并不是第一次的放弃，而是第一次放弃后产生的羞耻感、罪恶感、失控感和绝望感。一旦你陷入了这样的循环，似乎除了继续做下去，就没有别的出路了。当你（又一次）责备自己（又一次）屈服于诱惑的时候，往往会带来更多意志力的失效，造成更多的痛苦。但是，你寻求安慰的东西并不能中断这个循环，它只会给你带来更深切的罪恶感。

深入剖析：遇到挫折时

这一周，请特别留意你是如何应对意志力失效的。你会责备自己，告诉自己你永远不会改变吗？你会觉得这样的挫折暴露了你的问题——懒惰、愚蠢、贪婪或无能吗？你会感到绝望、罪恶、羞愧、愤怒或不知所措吗？你会以挫折为借口，更加放纵自己吗？

打破“那又如何”的循环

路易斯安纳州立大学的克莱尔·亚当斯（Claire Adams）和杜克大学的马克·利里（Mark Leary）这两位心理学家设计了一个能引发“那又如何”效应的实验。他们邀请了关注自己体重的年轻女性参加实验，以科研的名义鼓励她们吃甜甜圈和糖果。这些研究人员对如何打破“那又如何”的恶性循环做了一个有趣的假设。他们认为，如果罪恶感会妨碍人们自控，那么罪恶感的反面则有助于人们自控。他们用了一种看起来不太靠谱的策略。这个策略是，让一半吃甜甜圈的节食者在屈服于诱惑时感觉更快乐。

被试者要分别参加两项实验，第一项测试食物对心情的影响，另一项测试不同糖果的味道。在第一项实验中，所有女性都要从原味甜甜圈和巧克力甜甜圈中选一个，并在 4 分钟之内吃完。她们还要喝掉一整杯水——这是研究人员的“诡计”，目的是让她们因为吃得过饱而觉得不太舒服（腰带过紧会更容易让人产生罪恶感）。然后，她们要填写问卷，记录自己的感受。

在糖果味道测试之前，一半被试者会收到一条减轻她们罪恶感的信息。研究人员在信息中提到，被试者有时会因为吃了一整个甜甜圈产生罪恶感。同时，他们会鼓励被试者不要苛求自己，要记住每个人都有放纵自己的时候。另一半被试者则没有收到这样的信息。

接下来就是测试“自我谅解”能否打破“那又如何”的循环了。研究人员给每个被试者发了三大碗糖果，包括花生酱巧克力爆米花、水果口味的彩虹糖和约克薄荷味馅饼。这些糖果都能勾起甜食爱好者的食欲。这些女性需要试吃每一种糖果，并按照好吃的程度排序。她们想吃多少都可以。如果被试者仍然因为吃了甜甜圈而有罪恶感，她们就会对自己说：“我的减肥计划已经失败了，所以我使劲吃彩虹糖又有什么关系呢？”

糖果味道测试之后，研究人员给每个糖果碗都称了重，看看每个被试者吃了多少东西。可以看到，“自我谅解”大获成功了！收到特别信息的女性只吃了 28 克糖果，而没有原谅自己的女性则吃掉了近 70 克糖果。（一颗好时巧克力大约 4.5 克，这个数据可供参考。）大多数人会对这个发现感到惊奇，因为常识告诉我们，“每个人都有放纵自己的时候，不要对自己太过苛刻”这种信息只会让节食者吃得更多。但是，摆脱罪恶感反而会让她们在味道测试时不去放纵自己。我们可能会想，罪恶感会促使我们改正错误，但其实这正是“情绪低落让我们屈服于诱惑”的另一个表现方式。

除了自我谅解，什么都行！

我在课上一提到“自我谅解”，大家就议论纷纷。你也许会想，我刚刚提出的提升意志力的秘诀就是自寻死路。“如果我对自己不苛刻，我就什么也做不成。”“如果我原谅了自己，下次还会这样。”“我的问题不在于对自己太苛求，而是对自己不够严格！”对很多人来说，自我谅解听起来更像是为自己找借口，只会引起更严重的自我放纵。我的学生们一致认为，如果他们对自己放松要求——也就是说，如果他们没有重视自己的失败，没有在自己没达到高标准时作自我批评，没有用自己不进步就会产生可怕的后果来威胁自己——他们就会变得懒惰。他们相信，自己内心需要一个严厉的声音，来控制自己的胃口、本能和弱点。他们害怕，如果无视内心的审视和批评，他们会完全失去自控。

在某种程度上，大多数人都会相信这一点。毕竟，当我们还是孩子的时候，是父母的要求和惩罚让我们学会了自控。这种方式在孩童时期是必要的，因为老实说，小孩就像野兽一样，需要人管教。人要到成年之后，大脑的自控系统才会发育成熟。小孩在前额皮质不断成熟的过程中，需要得到一些外部的支持。但是，很多人仍然把自己当作孩子。坦白地说，他们表现得更像是虐待子女的父母，而不是提供支持的监护人。当他们屈服于诱惑时，或是被自己视为失败时，他们就会责备自己：“你太懒了！你到底怎么了？”

每次失败都意味着要对自己更严厉一点。“就算你说了会去做，我也不敢相信了。”

如果你认为提升意志力的关键就是对自己狠一点，那么，这么想的不是只有你一个。但是，你错了。众多研究显示，自我批评会降低积极性和自控力，而且也是最容易导致抑郁的因素。它不仅耗尽了“我要做”的力量，还耗尽了“我想要”的力量。相反，自我同情则会提升积极性和自控力，比如，在压力和挫折面前支持自己、对自己好一些。位于加拿大渥太华的卡尔顿大学对一群学生进行了一次关于拖延症的调查，这个调查持续了整个学期。很多学生在第一次考试前都推迟了复习计划，但不是每个学生都会养成这样的习惯。和那些能原谅自己的学生比起来，那些严格要求自己的学生更可能在接下来的考试中继续拖延复习。他们对第一次的拖延态度越严厉，下一次考试时拖延得就越厉害！可见，自我谅解，而不是罪恶感，才能帮他们重回正轨。

这些发现都和我们的本能相悖。那么多人都有一种强烈的直觉，觉得自我批评是自控的基础，自我同情会导致自我放纵，那么这怎么可能？如果不是对上一次拖延感到愧疚，又是什么激励着这些学生呢？如果我们不为自己的屈服而感到愧疚，那什么能让我们走上正轨呢？

出人意料的是，增强责任感的不是罪恶感，而是自我谅解。研究人员发现，在个人挫折面前，持自我同情态度的人比持自我批评的态度的人更愿意承担责任。他们也更愿意接受别人的反馈和建议，更可能从这种经历中学到东西。

自我谅解能帮助人们从错误中恢复过来，因为它能消除人们想到失败时的羞愧和痛苦。“那又如何”效应是要摆脱失败后的低落情绪。但如果没有了罪恶感和自我批评，就没有需要摆脱的东西了。这就是说，思考为什么会失败就变容易了，而你也很难再一次走向失败了。

另外，如果你觉得遇到挫折意味着你将一事无成、只会把事情搞糟，那么反思这个挫折只会让你在痛苦中更讨厌自己。你最紧迫的目标是安抚这种感觉，而不是吸取教训。这就是为什么自我批评的策略反而会削弱自控力。和其他形式的压力一样，它会让你立刻想要寻求安慰，比如到最近的酒吧去喝个烂醉，或是拿上信用卡去疯狂购物。

意志力实验：失败的时候，请原谅自己

每个人都会犯错误，都会遭遇挫折。既然失败无法避免，更重要的就是我们如何应对失败。以下是心理学家提供的一些方法，能让我们在面对失败时同情自己。研究发现，从这些角度思考问题能减少罪恶感，并增加自身的责任感。这正是让你重归正途的完美途径。想象一个你屈服于诱惑或拖延的情况，试验从以下三个角度思考这次失败。当你遭遇挫折时，你也可以用同样的角度思考，使自己避免再次陷入罪恶感、羞愧感和屈服的泥淖。

1. 你感觉如何？当你想到挫折时，花一点时间关注并描述你此刻的感觉。你现在情绪如何？你有什么感觉？你是否记得自己失败后的第一感觉？你会怎样描述那种感觉？注意一下那种感觉是不是自我责备。如果是的话，你对自己说了什么？自知的视角让你看清自己的感受，而且不会急于逃避。

2. 你只是个凡人。每个人都会遇到意志力挑战，每个人都有失去自控的时候。这只是人性的组成部分，挫折并不意味着你本身有问题。想一想这些说法是不是真的。你能想象你尊敬、关心的其他人也经历过同样的抗争和挫折吗？这个视角会让自我批评和自我怀疑的声音变得不那么尖锐。

3. 你会跟朋友说什么？想一想，如果你的好朋友经历了同样的挫折，你会怎么安慰他？你会说哪些鼓励的话？你会如何鼓励他继续追求自己的目标？这个视角会为你指明重归正途之路。

一位不再苛求自己的作家

今年 24 岁的本是个中学老师，教社会学。他有个文学梦想，希望在暑假结束的时候写完自己的小说。为了实现这个目标，他需要每天写 10 页，每天都得写。但实际上，他每天只能写 2～3 页。然后，他就会因为进度太滞后而觉得备受打击，第二天索性什么都不写了。当他意识到开学前不可能写完这本书的时候，他觉得自己是个骗子。如果他不趁着暑假有空的时候努力写稿，开学后他还要批改作业、做教学计划，哪还有时间继续写作呢？本没能取得自己期待的进展，他开始怀疑自己是不是应该继续追求这个目标。他告诉自己，一位真正的作家应该是高产的。一位真正的作家应该从来不玩电脑游戏，只会一直写作。这么一想，他就开始用挑剔的眼光看待自己的作品，认定自己的东西都是垃圾。

那年的秋季学期，本在我班里上课的时候，实际上已经放弃了自己的目标。他来上课只是为了学会怎么激励自己的学生。但当我们讨论自我批评的时候，他逐渐认识到了自己的问题。当他练习在“放弃写小说”这件事上原谅自己的时候，他首先注意到了放弃抵抗背后的恐惧和自我怀疑。如果没有达成“每天写 10 页”的小目标，他就会担心自己没有足够的天分或无法投入足够的精力去实现“成为小说家”的大目标。他用这样的想法来安慰自己：挫折只是人性的一部分，不能说明自己永远不会成功。他想起以前读过的故事，很多作家在写作的初期都有过挣扎。为了更加同情自己，本想象自己会如何开导想放弃目标的学生。本意识到，如果这个目标很重要，他就会鼓励学生坚持下去。他会告诉学生，现在做的所有努力都会让他们更靠近目标。他肯定不会对学生说：“你骗谁呢？你写的东西都是垃圾。”

通过这个练习，本找到了重新开始写作的动力，捡起了当时没写完的稿子。他承诺每周抽时间写 10 页，这对已经开学的他来说还算合理，而且他也觉得这样比较能应付得来。

我们都倾向于相信自我怀疑和自我批评，但这并不会让我们离目标更近。实际上，我们可以尝试从良师益友的角度来看待问题。他们都信任你、想要你变得更好、愿意在你失意的时候鼓励你，你也可以这么做。

决定改善心情

到目前为止，我们已经看到了很多“情绪低落导致屈服于诱惑”的事例。压力会引起欲望，让我们的大脑更容易受到诱惑。如果有东西提醒我们不能永生，就会让我们从食物、购物或香烟中寻找慰藉。那么罪恶感和自我批评呢？它们会让你立刻想到“那又如何，我还不如再放纵一下自己呢”。

不过有些时候，情绪低落会把我们引向不同的方向。当我们面对罪恶感、焦虑和压力感到备受打击时，我们会想到一件能让自己快乐的事——决定做出改变。首先提出“那又如何”效应的多伦多大学心理学家珍妮特·波利维和皮特·赫尔曼发现，我们最容易决定做出改变的时候，就是我们处于低谷的时候，比如暴饮暴食后感到罪恶的时候，看着信用卡账单的时候，因宿醉没法清醒过来的时候，或者担心自己的健康状况的时候。下定决心会让我们立刻有了放松感和控制感。我们不再觉得自己是个犯错的人，只觉得自己能变成一个完全不同的人。

发誓改变会让我们充满希望。我们喜欢想象改变后的生活，幻想改变后的自己。研究显示，节食计划会让人感觉更有力量，运动计划会让人觉得自己更高大。（当然，这些幻想不一定会实现。）我们告诉自己，人们会以不同的方式看待我们，所有的事情都会来个大变样。我们的目标越宏伟，心中的期望值就越大。所以，当我们决定改变的时候，我们通常会有个宏伟的计划。如果宏伟的计划能让我们心情大好，为什么还要设定一个适中的目标呢？如果可以有远大的梦想，为什么还要从小处着手呢？

不幸的是，就像奖励的承诺和缓解压力的承诺一样，改变的承诺也很少能朝我们希望的方向发展。不切实际的乐观可能给我们一时的快乐，但接下来我们就会感到失落。做出改变的决定是最典型的即时满足感——在什么都没做之前，你就感觉良好了。但真正做出改变时面临的挑战却会给你当头一棒，奖励并不像我们想象的那么容易获得。（“我丢了 5 英镑，还做着一份糟糕的工作！”）当我们第一次面对挫折时，失望就会取代最初决定改变时的良好感觉。没能达到预期目标会再度引发曾经的罪恶感、抑郁和自我怀疑，而承诺改变的情绪慰藉作用也消失了。这时，大多数人会彻底放弃努力。只有当我们感觉失控，需要再次拥有希望的时候，我们才会再次发誓做出改变。于是，这个循环又开始了。

波利维和赫尔曼把这个循环称为“虚假希望综合征”。作为一种做出改变的策略，它很不成功。毕竟，它本来就不是能让人做出改变的妙招，而是能让你感觉良好的方法。这可是两码事。如果你只想要“充满希望”这种感觉，这倒是一个好方法。对大多数人来说，下决心是改变过程中最容易的环节，但之后就越来越难了——做出改变需要你控制自己，在想说“要”时说“不”，在想说“不”时说“要”。从快感的角度来说，真正做出改变和付出努力的感觉，当然不能和想象的感觉相提并论。所以，只是承诺改变，要比真正坚持承诺和做出改变更容易，也更有乐趣。这就是为什么很多人乐于一次次放弃又重新开始，而不是真的想找到改变的方法。当我们想象自己会发生怎样翻天覆地的改变时，总是会兴奋不已，这让我们难言放弃。

“虚假希望综合征”总是偷偷出现，它会伪装成自控的样子。事实上，它真的糊弄了我们。我敢打赌，当你读到这一部分的时候，你花了一些时间才意识到，我描述的正是另一种意志力陷阱，而不是情绪低落时的一线希望。这也就是为什么我们要研究这种“改变的承诺”。改变的动力不同于那些会阻碍我们实现目标的、不切实际的乐观想法。我们需要相信，改变是可能做到的。如果失去了希望，我们就会听天由命了。但是，我们必须避免常见的意志力陷阱，即用“改变的承诺”而不是“改变”来改善我们的心情。否则，这种看似意志力的东西就会把我们变成按压杠杆的小白鼠，觉得这个东西能让我们获得奖励。

深入剖析：决定改善心情

请花一点时间，仔细想一想你改变自己的动力和期望。你只有在情绪低落时才会有动力改变吗？想象成功改变生活时的快乐，是不是你做出改变的唯一动力？你会通过幻想未来的自己来改善现在的心情，而不是采取实际行动改善自己的行为吗？

意志力实验：乐观的悲观主义者更可能成功

乐观给我们动力，但少许的悲观能帮我们走向成功。研究发现，如果能预测自己什么时候、会如何受到诱惑和违背承诺，你就更有可能拥有坚定的决心。

想一想你自己的意志力挑战，请扪心自问：我什么时候最可能受到诱惑并放弃抗争？什么东西最可能分散我的注意力？当我允许自己拖延的时候，我会怎样劝说自己？当你头脑中出现这样的情景时，想象自己真的处在这样的情景中，你会有什么感觉？会想到什么？让你自己看一看典型的意志力失效是怎么发生的。

然后，把想象中的意志力失效变成现实中的意志力成功。想一想你要采取哪些具体行动来坚定自己的决心。你需要回忆一下自己的动力吗？需要远离诱惑吗？需要找朋友帮忙吗？需要用你学过的其他意志力策略吗？当你头脑中有了一个具体策略后，想象一下你正在这样做，再想象一下这会有什么感觉。想象自己成功了，让这种想象给你自信，相信自己为了完成目标会不惜一切。

用这种方法预见失败其实是一种自我同情的方式，而不是自我怀疑的方式。当你真的受到诱惑的时候，你就能有所准备，能将自己的计划付诸实践。

写在最后的话

为了避免压力导致的意志力失效，我们需要找到能让我们真正快乐的东西，而不是虚假的奖励承诺，也不是空洞的改变承诺。我们需要允许自己去做真正让自己快乐的事，远离那些与我们生活无关的压力根源。当我们遭遇挫折时（这种情况是难以避免的），我们需要原谅曾经的失败，不要把它们作为屈服或放弃的借口。想要增强自控力，自我同情比自我打击有效得多。

本章总结

核心思想：情绪低落会使人屈服于诱惑，摆脱罪恶感会让你变得更强大。

深入剖析：

· 缓解压力的承诺。当你面临压力、感到焦虑或情绪低落时，你会怎么解决？

· 什么吓到了你？注意那些从媒体、网络或其他渠道听到或看到的压力因素。

· 遭遇挫折。当意志力失效的时候，你会产生罪恶感并责备自己吗？

· 决定改善心情。你会用幻想未来的自己来改善现在的心情，而不是采取实际行动来改善自己的行为吗？

意志力实验：

· 有效的解压方法。下一回，当你面临巨大的压力时，尝试一种有效的解压方法，例如锻炼身体或参加体育活动、祈祷或参加宗教活动、阅读、听音乐、花时间和家人朋友在一起、按摩、外出散步、冥想或做瑜伽，以及培养其他有创造性的爱好。

· 失败的时候，请原谅自己。面对自己的挫折，持同情自我的态度，以免罪恶感让你再次放弃抗争。

· 乐观的悲观主义者更有可能成功。预测你什么时候、会怎样受到诱惑和违背承诺，想象一个不让自己放弃抗争的具体方法。

这可不是你每天都能见到的比赛——19 只黑猩猩对抗 40 个人。而且，这些人还不是随便什么人，他们是来自哈佛大学和德国莱比锡马克思·普朗克研究院[①]的学生。这些黑猩猩来自同样名声显赫的莱比锡沃尔夫冈·科勒灵长类动物研究中心。毕竟，想要与哈佛和马普研究院的学生旗鼓相当地较量一番，你肯定不能随便找只马戏团的老猩猩。

比赛中双方面临的挑战是，暂时忍住不吃零食，以此赢得更多的食物。在比赛中，给黑猩猩的奖励是葡萄，给人类的奖励是葡萄干、花生、M&M 巧克力豆、金鱼饼干和爆米花。首先，所有的参赛者可以选择 2 份或 6 份自己最喜欢的食物作为奖励。这个选择很简单，因为人和黑猩猩都知道 6 比 2 好。接下来，研究人员把选择变得复杂了一些。每个参赛者都有机会立刻吃掉 2 份食物，或者等 2 分钟，然后有机会吃 6 种食物。研究人员知道，被试者更想要 6 份而不是 2 份食物。但他们能不能等呢？

这项研究成果发表于 2007 年，它是第一个直接对比黑猩猩和人类自控能力的研究。但研究人员发现的无非是人类的本性，或者说，进化需要耐性做基础。如果不需要等待，黑猩猩和人类都更想选择 6 份而不是 2 份食物。但如果需要等待，两个物种就会做出非常不同的选择了。72% 的黑猩猩选择了等待，以便获得更大的奖励。哈佛和马普研究院的学生呢？只有 19% 的人愿意等待。

① 以下简称“马普研究院”。——译者注

人类竟然被这种极有耐心的灵长类动物击败了，这应该如何解释呢？我们难道要相信，黑猩猩被上天赋予了特殊的自控力？还是说，我们人类在进化的某个时刻失去了等 2 分钟再吃花生的能力？

当然不是。如果我们处在最佳状态，人类控制冲动的能力让其他物种自惭形秽。但通常情况下，我们想象力丰富的大脑不会做出最有战略性的决定，而是让我们表现得像是失去了理性。这是因为，前额皮质最擅长的不是自控。它会为错误的决定寻找借口，向我们承诺明天会更好。你可以肯定，那些黑猩猩不会对自己说："我现在要吃 2 颗葡萄，因为我还有下一次可以等着吃 6 颗葡萄。"但人类总有各种各样的花招，让自己相信抵抗诱惑是明天的事情。因此，拥有巨大前额皮质的我们，会一再屈服于即刻的满足感。

无论我们是从经济学、心理学还是从神经科学领域寻找解释，最终这些有关诱惑和拖延的问题都会归结到一个人类特有的问题上——我们如何看待未来。哈佛大学心理学家丹尼尔·吉尔伯特（Daniel Gilbert）对此做出了大胆的论断。他认为，人类是唯一会考虑未来各种可能性的物种。虽然这种本能为世界做出了诸多奇妙的贡献，比如人类创造的情感热线和体育彩票，但它也给如今的我们带来许多麻烦。我们的问题不是能预知未来，而是看不清未来的模样。

出售未来

我们可以像经济学家一样考察黑猩猩和人类的比赛。尽管黑猩猩的大脑只有人类的 1/3，但它们却表现得更加理性。黑猩猩表现出了偏好（6 比 2 好），接下来就按自己的偏好行事。它们只付出了很少的代价（只是 120 秒的等待），就换来了最大的收获。相反，人类的选择却显得非常不理性。在挑战开始之前，他们清楚地表明了自己更想要 6 份食物。但当必须等 2 分钟才能拿 3 倍数量的零食时，超过 80% 的人改变了自己的偏好。为了迅速得到瞬间的快感，他们忘记了自己真正想要的东西。

经济学家称之为“延迟折扣”。也就是说，等待奖励的时间越长，奖励对你来说价值越低。很小的延迟就能大幅降低你感知到的价值。加上 2 分钟的延迟，6 颗 M&M 巧克力豆还比不上 2 颗能马上获得的巧克力豆。随着巧克力豆离我们越来越远，每颗巧克力豆的价值都缩水了。

“延时折扣”不仅解释了为什么一些大学生选择拿 2 颗巧克力豆而不是 6 颗，也解释了为什么我们宁愿放弃未来的幸福，也要选择即刻的快感。这就是为什么我们迟迟不去纳税，只为享受今天的安逸。而这么做的代价就是，在 4 月 14 日截止日期时担惊受怕，或是到 4 月 16 日缴纳罚金。这就是为什么我们在使用今天的化石燃料时，不去考虑未来的能源危机。这就是为什么我们信用卡负债累累，却不去考虑高昂的利率。如果我们现在想要，我们就会马上去索取。如果我们今天不想面对，我们就把它推到明天。

深入剖析：你给未来的奖励打了几折？

对你的意志力挑战来说，当你屈服于诱惑或拖延的时候，你是把哪些未来的奖励出售了？放弃抗争的即时回报是什么？长期的代价是什么？这是公平交易吗？如果理性的你说“不，那是个叫人讨厌的买卖”，那么，请你试着去捕捉自己改变选择的时刻。是什么想法和感觉让你出售了未来？

被奖励蒙蔽双眼

在这场自控力的公开赛里，人类觉得 6 份零食比 2 份零食更有价值，直到研究人员把 2 份零食放在桌上，说：“你是现在就想要，还是想等等？”超过 80% 的哈佛和马普研究院的学生改变了主意。他们并不是数学不好，只是被奖励的承诺蒙蔽了双眼。行为经济学家把这种现象称为“有限理性”。也就是说，在变得不理性之前，我们一直是理性的。在理想状态下，我们非常理性。但当诱惑真实存在时，我们的大脑就进入了“搜寻奖励”模式，确保我们不会错过任何奖励。

颇具影响力的行为经济学家乔治·安斯利（George Ainslie）认为，大部分自控力失效的情况（无论是酗酒或上瘾，还是增重或增加债务）背后的原理都是这样的，大多数人从心底想抵抗诱惑。我们想做出选择，获得长期的幸福。我们想保持清醒，不再酗酒。我们想要紧实的臀部，而不是油炸甜甜圈。我们想要经济保障，而不是有趣的新玩具。但当我们和诱惑正面交锋的时候，我们只愿意选择短期的、即时的奖励，这种欲望是无可抵挡的。这就带来了“有限意志力”。也就是说，到我们真的需要自控力之前，我们一直拥有自控力。

我们会这么容易选择即刻的满足感，原因之一在于，我们大脑的奖励系统还没有进化到能对未来的奖励做出回应。食物是奖励系统最原始的目标，这就是为什么人类仍然会在闻到或看到美食时变得特别敏感。当多巴胺最先在人脑中起作用的时候，离你很遥远的奖励与当下的生活还没什么关系，无论那个奖励是离你 60 英里，还是远在 60 天之后，都是如此。我们需要一个系统，能在可以获得奖励的时候让我们立刻得手。最起码，我们需要有动力，去追求离现在较近的奖励，比如一个你需要爬树或过河才能拿到的水果，以此来满足自己的欲望。你要工作 5 年、10 年或 20 年才能得到回报？你要花 1000 年才能得到大学文凭、奥林匹克金牌或退休金账户？这种对满足感的推迟是无法想象的。为了明天做准备，或许还有可能。但为了几十年以后做准备，那可就太久了。

作为现代人，我们在权衡“即时奖励”和“未来奖励”时，大脑处理选项的方式相当不一样。“即时奖励”会激活更古老、更原始的奖励系统，刺激相应的多巴胺产生欲望。“未来奖励”则不太能激活这个奖励系统。人类最近进化出来的前额皮质更能理解它们的价值。为了延迟满足感，前额皮质需要让奖励的承诺平静下来。这并非不可能做到——毕竟，这正是前额皮质的作用。但是，它必须和一种感觉做斗争。这种感觉能让小白鼠在电网上跑来跑去，能让人在老虎机前花光所有的积蓄。换句话来说，这并非易事。不过，好消息是，诱惑并不总会有机可乘。要战胜我们的前额皮质，我们就必须立刻得到奖励，而且你最好能看到这个奖励。一旦你和诱惑之间有了距离，大脑的自控系统就会重新掌控局面。举例来说，在看到两颗 M&M 巧克力豆时，哈佛和马普学院学生的自控力就崩溃了。这个实验的另一个版本是，实验人员让学生做出同样的选择，但没有把巧克力豆放到桌上。这一次，学生们更可能选择有延迟的、更大的回报。看不到直接的奖励会让奖励变得抽象起来，对奖励系统的刺激作用也会减少。这能让学生们通过内心的计算，而不是原始的感觉，做出理性的选择。

对那些想延迟快感的人来说，这是个好消息。只要你能创造一点距离，就会让拒绝变得容易起来。比如，一项研究发现，把糖果罐放在桌子的抽屉里，而不是直接放在桌上，会让办公室职员少吃 1/3 的糖。虽然打开抽屉并不比直接从桌子上拿糖果费多少事，但把糖果收起来确实能减少它们对欲望的刺激。当你知道什么会引起欲望的时候，将它放到视线之外，它就不会再吸引你了。

意志力实验：等待 10 分钟

对你想要的东西来说，10 分钟或许看起来不太长。但神经科学家发现，10 分钟能在很大程度上改变大脑处理奖励的方式。如果获得即时的满足感之前必须等待 10 分钟，大脑就会把它看成是未来的奖励。如果没有了选择

“即时满足感”的强烈生理冲动，奖励承诺系统就不会如此活跃。但是，当大脑权衡等待 10 分钟才能得到的曲奇饼干和更长远的奖励（比如减肥）时，它就不会表现出明显的偏好，不会去选择能更快得到的奖励。是“即时满足感”中的“即时”二字劫持了你的大脑，扭转了你的偏好。

想获得一个冷静明智的头脑，我们就需要在所有诱惑面前安排 10 分钟的等待时间。如果 10 分钟后你仍旧想要，你就可以拥有它。但在 10 分钟之内，你一定要时刻想着长远的奖励，以此抵抗诱惑。如果可以的话，你也可以创造一些物理上（或视觉上）的距离。

如果你的意志力挑战需要“我要做”的力量，你仍旧可以使用这个“10 分钟法则”，以此来克服诱惑和拖延。你可以把法则改成“坚持做 10 分钟，然后就可以放弃”。当 10 分钟结束后，你就可以允许自己停下来。不过你会发现，只要一开始，你就会想继续做下去。

“10 分钟法则”帮助烟民减少吸烟

基斯第一次抽烟差不多是 20 年前的事了。那时，他还是个大一新生。从那以后，他就一直想戒烟。有时候，他不知道戒烟到底有什么意义。他已经抽了这么多年烟了，早就造成了伤害。但是，他看到了一些报道，说戒烟可以扭转烟民心脏和肺部受到的伤害，即便是像基斯这样 10 年来每天一包烟的烟民也可以。他还没有准备好突然戒烟。即便他有时想要戒烟，但他想象不出自己再也不能抽烟的样子。他决定从减少吸烟做起。

“10 分钟法则”就像是为基斯量身定做的一样。实际上，他知道自己有时候就要屈服于诱惑了。10 分钟的延迟有助于他应对抽烟的渴望。它会强迫他记住，自己最大的渴望是降低患心血管疾病和癌症的危险。有时，基斯会等够 10 分钟再抽烟。有时，还没到 10 分钟他就点上烟了。但这样的等待让他坚定了戒烟的决心。他也注意到，当他对自己的欲望直截了当地说“不”

时，那句“好，但要等 10 分钟”减少了一部分的恐惧和压力，让他等起来更轻松。几次之后，他就能转移注意力，忘掉吸烟的冲动了。

这样练习几周之后，基斯提高了难度。只要有可能，他就利用 10 分钟的等待时间，到一个他不能吸烟的地方去，比如到办公室或商店里去。这让他有更多的时间冷静下来，或者至少让屈服于诱惑变得更困难。其他时候，他会给妻子打电话，寻求精神上的支持。最终，他决定把“10 分钟法则”变成持续性的行为。“如果我能挺过第一个 10 分钟，我就可以再等 10 分钟，如果那时候我还想抽烟的话再抽。”很快，他就减少到每两天抽一包烟了。更重要的是，他开始把自己看作“能戒烟的人”，这也增强了他所需的自控力。

当你觉得自己无法做到“不会有下一次”的时候，不妨用“10 分钟延迟法则”来增强你的自控力。

你的折扣率是多少？

给“未来的回报”打折是人的天性，但每个人打的折有所不同。有些人打的折很低，就像高级商店从不降价出售最好的商品一样。这些人心里牢记更大的奖励，并会等待它的到来。另一些人打的折则很高。他们不能抵抗“即时满足感”的承诺，就像打 1 折的清仓大甩卖一样，只为赶快回笼资金。你打的折是多是少，很大程度上决定了你长期的健康状况和你获得的成功。

第一个研究折扣率长期影响力的实验是个非常典型的心理学实验，名为“棉花糖测试”。20 世纪 60 年代末，斯坦福大学心理学家沃特·米歇尔（Walter Mischel）让一群 4 岁的孩子做出选择，是现在就要 1 份零食，还是 15 分钟后要 2 份零食。解释完选择内容之后，实验人员让每个孩子单独待在房间里，屋子里有 2 份零食和 1 个铃铛。如果孩子可以等到研究人员回来，他可以得到 2 份零食。但如果他等不及，他也可以在任何时候摇铃，然后立刻吃掉 1 份零食。

大多数 4 岁的孩子做的，正是我们现在认为最没效果的延迟满足感的方法。他们会盯着奖励看，想象它的滋味。这些孩子才过几秒钟就坚持不住了。而那些成功的孩子大多不会盯着奖励的承诺。记录孩子们独自挣扎的录像是很有意思的。出人意料的是，看这盘录像带也是自控力的绝妙一课。有一个女孩用头发遮住脸，这样她就看不到零食了。有一个男孩虽然盯着零食看，但他把铃铛推得远远的，这样他就够不到了。另一个男孩做出了妥协，他舔了舔零食，但没有真的吃掉它们——这预示着他将来在政界会有出色的表现。

虽然这项研究主要揭示了 4 岁的孩子如何延迟满足感，但同时它也是预测孩子未来表现的好方法。在“棉花糖测试”中，一个 4 岁的孩子能等待多久，预示了 10 年后他在学术界和社会上能否取得成功。等待时间最长的孩子更受人欢迎，学习成绩最好，也很擅长处理压力。他们的高考成绩更好，在测试前额皮质功能的神经心理学实验中表现得也更好。能否花 15 分钟等待 2 个棉花糖，能有效地衡量很多更重要的事，比如，一个孩子处理暂时的不适感、实现长期目标的能力如何？他是否知道如何把注意力转移开，不去关注即时奖励的承诺？

个体差异会在今后的生活中扮演重要的角色，无论这种差异是在童年时期还是在以后测量出来的。行为经济学家和心理学家得出了一个计算人们折扣率的复杂公式——对你来说，今天的快乐比明天的快乐重要多少？对未来的奖励大打折扣的人，更可能在很多方面出现自控力问题。他们更可能抽烟、酗酒，选择吸毒、赌博或其他癖好的风险也更高。他们不太可能为了养老而存钱，更可能醉酒驾车或在没有保护措施的情况下发生性行为。他们也更可能拖延着不做某件事。他们甚至很少戴表——似乎他们只关注当下，时间本身却没那么重要。如果现在比未来更重要，那么就没理由去延迟满足感。想摆脱这种心态，我们就必须找到一种方法，让未来变得更重要。

意志力实验：降低你的折扣率

幸运的是，一个人的折扣率不是始终不变的物理法则。通过改变自己对选择的看法，我们就能降低折扣率。

想象一下，我给你一张 90 天后可以兑换的 100 美元支票。然后，我试着跟你讨价还价：你愿意用它来交换一张可以即时兑换的 50 美元支票吗？大多数人都不会这么做。但是，如果人们一开始拿到的是 50 美元的支票，然后有人问他们，是否愿意拿它来交换一张延迟兑换的 100 美元支票，大多数人都不会同意。你最初得到的奖励就是你想保留的东西。

原因之一是，大部分人想避免失败。也就是说，我们确实不想失去已经得到的东西。比起得到 50 美元的快乐，失去 50 美元的不快对我们影响更大。当你先想到的是未来的大奖励，然后再考虑把它换成一个即时的小回报，这感觉像是损失了。但是，当你一开始想到的是即时的奖励（你手中的 50 美元支票），然后再考虑延迟满足感能得到更大的奖励，这看起来也像是损失了。

经济学家发现，你会找到更多的理由，解释为什么你先想到的奖励是合理的。那些一开始就问自己“为什么我应该拿 50 美元支票”的人，会想出更多的理由支持即时的满足感。（比如，“我真的需要用这些钱”“谁知道 100 美元的支票 90 天后能不能兑现呢？”）那些一开始就问自己“为什么我应该拿 100 美元支票”的人，则会想出更多的理由去支持延迟的满足感。（比如，“这可以多买一倍的东西呢”“90 天后我会和现在一样需要用钱”。）当人们首先想到未来的奖励时，未来奖励的折扣率就会大幅下降。

无论面对什么样的诱惑，你都可以利用以下方式抵抗即时的满足感。

1. 当你受到诱惑要做与长期利益相悖的事时，请想象一下，这个选择就意味着，你为了即时的满足感放弃了更好的长期奖励。

2. 想象你已经得到了长期的奖励。想象未来的你正在享受自控的成果。

3. 然后扪心自问：你愿意放弃它，来换取正在诱惑你的短暂快感吗？

梦想比任何网站都值钱

阿米娜是斯坦福大学的大二学生，专业是人体生物学。她目标远大，梦想进入医学院。但是，她承认自己对 Facebook 上瘾了。上课的时候，她没法不去看这个网站。这就意味着她错过了许多重要的课程信息。本该学习的时候，她在 Facebook 上花了很多时间。因为在 Facebook 上总有很多事情可做，比如看朋友们的新鲜事、相册、链接，诱惑是源源不绝的。网站不可能为了她而停止更新，所以她必须找个方法让自己停下来。

为了抵抗 Facebook 带来的即时快感，阿米娜把这个网站视为对自己成为一名医生这一最大目标的威胁。当她受到诱惑，在网站上浪费时间的时候，她就会问自己："为了它，我可能成不了医生，这值得吗？"这样一想，她就再也不能否认自己浪费了多少时间。她甚至用图片处理软件，把自己的脑袋"嫁接"在一个外科医生的身体上，并把新照片设置成了笔记本电脑的桌面壁纸。每当她需要记住未来的奖励对于自己意味着什么，或想让未来的奖励看起来更真实的时候，她就会看看这张照片。

没有出路：预先承诺的价值

1519 年，西班牙征服者埃尔南·科尔蒂斯（Herman Cortes）为了寻找黄金和白银，从古巴出发，向着墨西哥东南部的尤卡坦半岛进发。他的船队有

11 条船，随行的是 500 名士兵和 300 个居民。科尔蒂斯的目标是进军内陆，征服原住民，占领土地，抢夺所有的金银。

但是，原住民可不会轻易屈服。墨西哥中部是阿芝特克人的故乡，阿芝特克人以血腥的人祭闻名于世，由伟大的莫特祖玛神王领导。科尔蒂斯的队伍只有少量的马匹和火炮，几乎算不上是强大的军队。他们在墨西哥海岸登陆的时候，犹豫着是不是应该向内陆进发。他们不愿意远离海岸带来的安全感，因为在那里他们可以坐船逃跑。科尔蒂斯知道，当他们的队伍遭遇第一场战斗时，如果船员们知道可以选择离开，他们就会在诱惑下投降。所以，根据传说，他命令自己的军官放火烧船。那些西班牙大帆船和快速帆船都是木头制成的，防水涂层则是易燃的沥青。科尔蒂斯点燃了第一个火把，他的人把帆船点着了。当船烧到了水位线以下，它们就沉没了。

这是历史上最臭名昭著的例子。它告诉我们，人类如何迫使未来的自己去做现在想做的事。通过烧沉帆船的行为，科尔蒂斯展示了他对人性的深刻理解。踏上征程的时候，我们可能感到无所畏惧，精力充沛。但在未来，我们很可能在恐惧和疲惫的影响下偏离正轨。科尔蒂斯烧掉了那些船，保证了他的队伍不会在恐惧面前退缩。他让船员们（和未来的他们）别无选择，只好前进。

有些行为经济学家认为破釜沉舟才是最佳的自控方法，他们都很喜欢这个例子。行为经济学家托马斯·谢林（Thomas Schelling）是最先支持这种方法的人。2005 年，他凭借“冷战中核武器对冲突的影响”的研究获得了诺贝尔经济学奖。谢林认为，要实现自己的目标，我们就必须限制自己的选择，他把这称为“预先承诺”。谢林从自己对核武器威慑力的研究中借用了“预先承诺”这个概念。他指出，比起那些表示不会报复的国家，预先承诺将立刻采取不断升级的报复措施的国家，使自己的威胁显得更加可信。谢林把理性的自我和受诱惑的自我看作战争的两方。两方有非常不同的目标：理性的自我设定了需要遵守的做法，受诱惑的自我则常常在最后关头决定改变做法。如果受诱惑的自我能为所欲为的话，最终的结果只会伤及自己。

从这个角度来看，受诱惑的自我是无法预料的、不可靠的敌人。正如行为经济学家乔治·安斯利所说，我们需要“像对待另一个人一样，逐步预测并约束那个自我”。这就需要诡计、勇气和创造力。我们必须研究受诱惑的自我，看清它们的弱点，用理性的偏好来束缚它们。著名作家乔纳森·弗兰森（Jonathan Franzen）曾公开讲述过自己“破釜沉舟”坚持写作的故事。和很多作家和白领一样，他也很容易被电脑游戏和网络分心。接受《时代》杂志的采访时，他解释了自己是如何拆掉手提电脑，防止自己因受诱惑而拖着不写东西的。他从硬盘中卸载了所有浪费时间的软件，包括所有作家的天敌——纸牌游戏。他拆掉了电脑的无线网卡，还把网络接口弄坏了。他解释说：“你要做的，就是把强力胶挤进网线里面，然后把接口使劲拧下来。”

你或许不想为了防止分心而把电脑毁掉，但你可以利用科技手段，让未来的自己沿着正确的轨迹前进。比如，一款名为“自由”（macfreedom.com）的程序能让你在预先设定的时间段里关闭电脑的网络连接，另一款名为“反社交”（anti-social.cc）的程序能让你有选择性地远离社交网络和电子邮件。我个人更喜欢“拖延捐献”（procrasdonate.com）这款程序。当我浏览浪费时间的网站时，它会给我记下账来，并把钱捐给慈善机构。如果诱惑你的东西是看得见、摸得着的，比如巧克力或香烟，你也可以试试“被捕的原则”（CapturedDiscipline）这种产品。这个脱氧钢制保险箱可以放在任何地方，可以定时锁上 2 分钟到 99 小时。如果你想买一盒女童军饼干，但不想一次吃完，那就把它锁起来。如果你想暂停使用信用卡，也可以把它锁进保险箱。未来受到诱惑的你除非用一捆炸药把保险箱炸开，否则别想把信用卡弄出来。如果目标是你不得不做的事，那就试着把钱放在目标附近。比如，如果你想强迫自己去锻炼，你可以先花一大笔钱办健身房的年卡，做出预先的承诺[1]。但正如谢林说，这种方法并不像是一个国家投资扩建核武器工厂。未来的你会知道自己是认真的，那么当你威胁到理智的目标之前，请三思而后行。

意志力实验：对未来的自己作预先承诺

你准备好对未来受诱惑的自己施加压力了吗？这一周，为未来某一刻的自己做出承诺。从以下策略中挑选一个，在你的意志力挑战中用上它。

1. 做好拒绝诱惑的准备。在未来的自我被诱惑蒙蔽之前，提前做出选择。比如，你可以在饿得对外卖菜单流口水之前，先打包一份健康午餐。无论是个人锻炼还是看牙医，你都可以作好计划并预先付款。为了未来的自己按理性偏好行事时更容易些，你能为意志力挑战做些什么？

2. 让改变偏好变得更难。就像科尔蒂斯“破釜沉舟”一样，不要让自己轻易屈服于诱惑。在家里或办公室里摆脱诱惑。当你购物的时候，不要带信用卡，只带你想花掉的现金。把闹钟放在房间的另一端，你想要关闹钟就必须起床。这些做法都不能保证你绝对不会改变想法，但至少能让做出改变变得很困难。当你受到诱惑的时候，你能不能制造延迟或设置障碍，给自己一些时间来应对诱惑？

3. 激励未来的自己。如果你在用胡萝卜或大棒督促自己获得健康和快乐，那么你不用觉得羞愧。耶鲁大学经济学家伊恩·艾尔斯（Ian Ayres）就是这么说的。他创立了创新网站 stickk.com，帮助人们向未来的自己预先做出承诺，从而实现改变。他的网站特别强调“大棒”——找一个方法，让

① 如果你没有出现的话，有些健身房会收取比你正常出勤更多的费用。对受到诱惑、想不锻炼的人来说，这绝对是给自己增加压力的好方法。——作者注

你得到即时快感时付出更大的代价。你可以给即时的奖励“加税”，比如告诉自己会增加体重（艾尔斯试过了，这个办法很成功），或在没完成预定目标时向慈善机构捐款。（艾尔斯甚至推荐选择了“反慈善”，也就是给你不支持的机构捐款。这样，失败的代价就显得更惨重了。）奖励的价值可能没有变化，但屈服的代价会让即时的快感显得不再诱人。

为受到诱惑的自己理财

对正在戒毒的人来说，最大的挑战之一就是管好自己的钱。很多人没有银行账户，所以必须依靠支票兑现，即用工资支票或社会服务支票兑换现金。那些钱放在口袋显得很烫手，他们很容易为了一个晚上的乐子而花掉两周的薪水。这就让他们没法买吃的，没法付房租，更没法抚养孩子。耶鲁大学医学院的两位精神病学家马克·罗森（Marc Rosen）和罗伯特·劳森汉克（Robert Rosenheck）为正在戒毒的人设计了一个理财项目。（科尔蒂斯和谢林也会很赞成这个项目的。）这个项目名为ATM，即“顾问—出纳理财干涉法”（Advisor-Teller Money Manager Intervention）的缩写。它融合了奖励和预先承诺这两种方法，让明智的支出显得更有吸引力，让不动脑子的支出显得更加困难。

这个项目给每个戒毒者指派一名理财师。他们同意把钱存在一个银行账户里，只有理财师才有账户的使用权。同时，理财师控制委托人的支票簿和银行卡。理财师会和每个委托人谈话，在谈话过程中为他们设定目标，帮他们认清自己想要这些钱做什么，让他们意识到存钱如何有助于实现长期目标。他们一起做每个月的预算，确定在食品、房租和其他事项上的开支，通过写支票来偿还到期的账单。他们还会设定和长期目标相符的每周开支计划。

理财师会给每个委托人一些钱，但这些钱只够他们支付计划好的开支。如果要购买计划外的东西，委托人就要和理财师见面，并提交正式的书面申请。如果理财师认为这和委托人最初的目标和预算不一致，或者怀疑委托人酗酒或吸毒，他就可以延迟 48 小时再作批示。这种延迟能让委托人恢复理性的偏好，而不会按受诱惑时的冲动行事。当委托人取得进步的时候，比如找到了工作、参加了戒毒互助会、通过了每周药物测试的时候，理财师也可以用委托人自己的钱“奖励”他们。

这种干涉法不仅在帮助戒毒者理财上取得了成功，还减少了他们使用麻醉品的次数。重要的是，这不只是“预先承诺”的功劳。这个项目改变了戒毒者对时间和奖励的看法。研究发现，这个项目降低了他们的“折扣率”，提高了他们心中未来奖励的价值。折扣率减少得最多的戒毒者，最有可能不再故态复萌。

这种方法之所以有效，是因为有人对参与者负责任，支持他们实现目标。有没有这么一个人，你能和他分享你的目标，能在你感觉受诱惑时寻求他的帮助？

遇见未来的自己

我想介绍两个人给你认识。我想，你一定会和他们相处愉快。第一个人叫“你”。“你”容易拖延，没办法控制冲动，不怎么喜欢运动、完成文书工作或洗衣服。第二个人也叫“你”。为了方便区分，我们称之为“你 2.0”。“你 2.0”没有拖延症。无论面对多无聊、多困难的任务，他都有源源不绝的能量。“你 2.0”有惊人的自控力，面对薯片和家庭购物频道毫不冲动，面对办公室性骚扰行为毫不退缩。

“你”和“你 2.0”是谁呢？“你”就是正在读这一章的你。你或许会因为缺乏睡眠而觉得疲惫和烦躁，或是一想到今天还有 10 件事没做就感到无力。“你 2.0”就是未来的你。不，不是你读完这本书就会奇迹般变成的那个人。未来的你是那个会整理衣橱的人，那个比现在更热爱锻炼的人。未来的你是那个会在速食店点健康菜品的人，所以，现在的你可以尽情享受会让自己血管堵塞的汉堡——就算你点它的时候必须签署法律弃权书[①]。

未来的你总是比现在的你有更多的时间、更多的能量和更强的意志力。至少，我们在想到未来的自己时会这么告诉自己。未来的你不会感到焦虑，比现在的你更能忍受痛苦——这使得未来的你在结肠镜检查中不会有任何问题。未来的你能更好地管理自己，更有动力。所以，把所有困难的事都扔给未来的你去做，是最合理不过的事了。

我们会把未来的自己想象成完全不同的一个人——这是个令人费解但却不难预测的错误。我们把未来的自己理想化了，希望未来的自己可以做到现在的自己做不了的事。我们有时会虐待他们，让他们承担现在的自己犯下的错误。有时候，我们只是误解了他们，没有意识到未来和现在的自己有相同的想法和感觉。但是，无论我们怎么看待未来的自己，我们都不会觉得他们和现在的自己是一样的人。

普林斯顿大学心理学家艾米丽·普罗宁（Emily Pronin）证明了，这种错误的想象让我们像对待陌生人一样对待未来的自己。在她的实验中，学生们要做出一系列关于自控力的选择。有些学生要选择他们今天想做的事情，其他学生则要选择他们未来想做的事。与此同时，学生们还要决定排在他们后面的那个人要做什么。虽然你觉得现在的自己和未来的自己会自然而然地结成联盟，但实际上，我们更可能解救现在的自己，不让他受到太大的压力。我们会给未来的自己增加负担，就好像那时的自己是个陌生人一样。

① 是的，这件事真的存在，至少在我写这本书的时候还是如此。如果你想点大老板（El Jefe Grande）汉堡，你就必须签署法律弃权书。你可以在得克萨斯州弗里斯科市的肯尼汉堡店点到这个汉堡。它有7磅重，含7000卡路里。——作者注

在一项实验中，研究人员要求学生们喝一种用番茄酱和酱油兑成的恶心液体。学生们要选择，自己为了这个科学实验愿意喝下多少。他们喝得越多，对研究人员就越有帮助。这是一个典型的“我想要”的意志力挑战。研究人员告诉一些学生，试喝会在几分钟后开始。对另外一些学生，他们则表示试喝会安排在下个学期。他们现在是脱身了，但未来的他们需要咽下这种混合物。同样，学生需要决定下一位被试者要喝多少混合物。你会怎么做？未来的你会怎么做？你会对一个陌生人抱什么样的期待呢？

如果你像大多数人一样，未来的你就会比现在的你对科学（和酱油）更感兴趣。学生们让未来的自己和下一个被试者喝的恶心液体（近半杯），比现在的自己愿意喝的（2 大匙）多了两倍。当学生们需要花时间做好事的时候，他们也表现出了同样的偏好。他们为未来的自己做出承诺，下学期会用 85% 的时间辅导其他同学。他们在安排其他被试者的时间时也同样慷慨，保证会花 120 分钟去辅导别人。但是，当研究人员要求他们这个学期就开始执行的时候，他们只有 27 分钟可以用来帮助别人。在第三个实验中，学生们需要选择是现在拿到一小笔钱，还是等过一段时间拿到一大笔钱。在为现在的自己做选择时，他们选择的是即时的奖励。但他们希望未来的自己（和接下来的被试者）延迟获得满足感。

如果我们真的指望未来的自己能这么崇高，我们确实可以相信，未来的自己能做好所有的事。但更典型的情况是，当我们到了未来，理想中“未来的自己”却不见了，最后做决定的还是毫无改变的曾经的自己。即便我们现在已经失去了自控力，我们仍然愚蠢地希望未来的自己不会面临冲突。“未来的自己”会被你一直推向未来，就像“天降救星”（deus ex machina）[①] 一

① “天降救星”是希腊悲剧中惯用的剧情。突然，不知道从哪里冒出了一个神仙（一般来说，是用机械起重机吊着降落到舞台上的），解决了所有角色都解决不了的问题。要是我们在生活中也有这么方便的解决冲突的办法就好了。——作者注

样，在最后的时刻出现，拯救那时的自己。

深入剖析：你在等待未来的自己吗？

你是否在推迟重要的变化或任务，等待自控力更强的未来的自己出现？你是不是乐观地让自己承担过多的责任，最后却被不可能的任务打倒了？你今天有没有不去做什么事，因为明天你会更想去做那件事？

怕看牙医的人不再等待未来爱看牙医的自己出现

45 岁的保罗上次看牙医是 10 年前的事了。他的牙龈很敏感，而且有周期性的牙疼。他妻子一直让他去看牙医，但他总是说，等手头事情没那么忙了就去。实际上，他是害怕发现牙齿出了问题，害怕自己要经历的治牙过程。

当想到“未来的自己”这个问题时，保罗意识到，他一直在告诉自己，他未来会克服恐惧，那时他就能去预约了。但是，当他回想自己实际的行动时，他发现这句话已经说了近 10 年了。他因为拒绝去看牙医，牙齿和牙龈的状况肯定已经恶化了。为了等待未来无所畏惧的自己出现，他让现在的自己有了真正需要担心的问题。

保罗承认，自己无论何时都不愿意去看牙医。他决定找一个方法，让充满恐惧的自己去看牙医。保罗的同事给他推荐了一位牙医，说他特别善于应付感到害怕的病人，甚至会在检查和治疗时给病人打镇静剂。以前，保罗可能会觉得尴尬，不愿去看这位牙医。但现在他知道，这是让现在的自己关心未来的健康的唯一途径。

为什么未来看起来不一样？

为什么我们会把未来的自己视为另一个人呢？原因在于，我们不知道未来自己的想法和感受。当我们想到未来的自己时，我们的欲望不会像现在一样紧迫，情绪不会像现在一样真切。直到我们真的需要选择的时候，我们才会知道当下的想法和感受。当学生们决定下个学期的自己要喝多少混合物时，他们做决定时不会觉得肚子疼。在捐献未来自己的时间时，学生们不会想到这个周末的重要比赛或期中考试的压力。如果内心感觉不到厌恶或焦虑，我们就猜不出未来的自己愿意做些什么。

脑成像研究发现，我们在考虑现在的自己和未来的自己时，运用的是大脑中不同的区域。当人们想象着未来的快乐时，大脑中想象自己经历的区域竟然毫无反应，就像是别人在享受日落和佳肴一样。当人们考虑某种品质是形容现在的自己更恰当，还是形容未来的自己更恰当的时候，也会出现相同的现象。当我们考虑未来的自己时，大脑的活动和我们考虑别人的特征时如出一辙①。这就像是我们只能通过外表去判断一个人如何，而不是通过内在去判断我们自己如何。大脑会把未来的自己当成别人，这种习惯对自控力影响极大。研究发现，当你想到未来的自己时，大脑中越是想不到自己，你就越可能对未来的自己说“去你的”，也就越可能对即时的满足感说“好”。

资金筹集人巧妙利用未来自己的乐观精神

亚利桑那大学的经济学家安娜·布雷曼（Anna Breman）想知道，人们总觉得未来的自己比现在的自己更慷慨，那么非营利组织能否利用人们的这一倾向。资金筹集人能不能利用这个现象，不是让人们现在立刻捐款，而是把

① 在这个特定的实验中，研究人员用娜塔莉·波特曼（Natalie Portman）和马特·达蒙（Matt Damon）作为参与者要想的另一个人，因为初步研究发现，这两个人是世界上最广为人知但争议最少的名人。

未来自己的钱捐出去呢？她和“迪亚索尼”（Diakonia）一起研究了两种不同的资金筹集策略。“迪亚索尼”是一家瑞典的慈善机构，致力于支持发展中国家的可持续发展项目。在“今天多捐点”实验中，捐助者从下一次捐款开始，自动提高每月的捐助额。在“明天多捐点”实验中，捐助者同样要提高每月的捐助额，但两个月内暂时不变。和“今天多捐点”实验比起来，“明天多捐点”实验中的捐助额提高了 32%。当谈到自控力问题时，我们需要仔细考虑一下，我们希望从未来的自己身上得到什么。如果是让其他人承诺奉献他们的金钱、时间或努力，你可以利用他们对未来的想象，让他们提前做出承诺。

未来的自己成了陌生人

和陌生人的幸福比起来，我们都会更关心自己的幸福。这是人类的天性。那么，我们会把现在自己的需求置于未来自己的幸福之上，这是合乎逻辑的。为什么要牺牲掉自己现在的幸福，而给陌生人的未来投资呢？

纽约大学心理学家豪尔·厄斯纳－赫什菲尔德（Hal Ersner-Hershfield）认为，这种“利己主义”思想正是老龄化社会面对的最大挑战之一。人们的寿命更长了，但退休年龄没变，大多数人还没有为剩下的年岁做好经济上的准备。据估计，“婴儿潮一代”出生的人有 2/3 没有存够钱，无法在退休后维持生活水平。实际上，2010 年的一项调查发现，34% 的美国人没有为退休后的生活攒钱，其中 53% 是 33 岁以下的人，22% 是 65 岁或以上的人。厄斯纳－荷什费德（他自己年轻时也没什么存款）认为，人们之所以不给未来的自己储蓄，是因为存钱就像把钱给了陌生人。

为了找出原因，他发明了一种名为“未来自我的连续性”测量方法——你在多大的程度上认为，未来的自己在本质上和现在的自己是一样的。不是所有人都会把未来的自己看成彻底的陌生人，有些人会觉得和未来的自己很亲近，联系很紧密。图 7–1 说明了人们和未来的自己之间各种各样的关系。（看一看这张图，找一找你和哪个情况最相符，然后我们再继续。）厄斯纳–荷什费德发现，那些“未来自我的连续性”比较高的人，也就是两个圆圈重叠得比较多的人，存款更多，信用卡负债更少，未来也会更加宽裕。

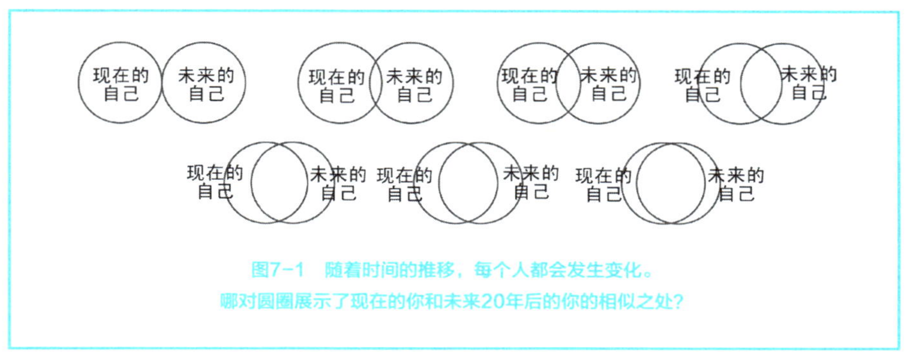

图7–1　随着时间的推移，每个人都会发生变化。
哪对圆圈展示了现在的你和未来20年后的你的相似之处？

如果说，觉得未来的自己很陌生，会让自己现在花更多钱，那么，认识未来的自己会不会让你存下更多钱？厄斯纳–荷什费德决定向大学生介绍退休后的情况，以此来测试这种假设。他和专业的电脑动画设计师一起，用表现年龄推移的软件设计出了被试者退休后的三维模拟像[①]。厄斯纳–荷什费德的目标是，让年轻的被试者感觉这真的是若干年后的自己，而不是自己的某个亲戚（因为学生们最常见的反应是：“这长得真像乔叔叔或莎莉阿姨！”），或是恐怖电影里的生物。认识了未来的自己之后，学生便和他们的老年模拟像在虚拟情景下进行互动。被试者坐在一面镜子前，他们可以在镜子里看到“未来的自己”的后背。如果被试者动了动自己的头，未来的自己也会动一动头。如果他转向一侧，未来的他也会转向一侧。当被试者看着镜子中未

① 有意思的是，厄斯纳–荷什费德在向妻子求婚之前，向她展示了自己未来的模样。他还向我保证，他现在已经为退休攒够了钱。——作者注

来的自己时，研究人员向每个被试者提问："你叫什么名字？""你来自哪里？""你在生活中对什么最感兴趣？"被试者回答问题时，就像未来的他们在说话一样。

在和未来的自己相处一段时间后，被试者离开了虚拟现实实验室，开始进行一个模拟预算项目。他们分别拿到1000美元，需要用这些钱分别支付现在的花费、娱乐消费、活期存款和退休账户。和那些只在真正的镜子里看着年轻的自己的学生比起来，那些与未来的自己有过互动的学生，会多拿两倍的钱放进退休账户。认识未来的自己，让学生们更愿意为未来的自己投资，也就是为他们自己投资。

虽然这项技术还不具有普遍的适用性，但可以想象，会有那么一天，每个新职员在参加公司的退休计划之前，人力资源部都会让他认识一下未来的自己。此外，还有其他方法可以让你认识未来的自己。（请参看意志力实验："遇见未来的自己"。）增加"未来自我的连续性"不仅会增加你的存款，还能帮助你应对各种意志力挑战。较高的"未来自我的连续性"会让人现在就做到最好。比如，厄斯纳－荷什费德注意到，"未来自我的连续性"较强的人更可能按时参加测试，而连续性较弱的人则更容易失约。受这个意外发现的启发，厄斯纳－荷什费德开始研究，未来自我的连续性是如何影响人们的道德判断的。他最近的研究发现，未来自我连续性较弱的人，在商业活动中更可能有不道德行为。他们更可能把在办公室捡到的钱塞进自己的腰包，在泄露可能毁掉别人事业的信息时觉得更舒服。在奖励骗子的游戏中，他们说的谎更多。看起来，如果我们感觉和未来的自己毫无关联，就会忽略自己行为的后果。相反，如果我们觉得和未来的自己联系紧密，就会保护自己不被最糟糕的冲动所伤。

意志力实验：遇见未来的自己

无须坐上德劳瑞恩轿车[①]，你就可以把自己送到未来，帮助自己做出更明智的选择。下面三种方法能让未来变得真实可信，让你认识未来的自己。选择一种你感兴趣的方法，在这一周尝试一下。

1. 创造一个未来的记忆。德国汉堡 – 埃普多夫中心医科大学的神经科学家研究发现，想象未来可以让人延迟满足感。你甚至不需要去想延迟满足感带给未来的回报，只要设想一下未来就行。比如，如果你正面临一个抉择，是现在就开始一个项目，还是推迟一下再开始，那么，想象一下你下周在杂货店里购物，或者想象一下你正在开预定的会议。当你想象未来的图景时，大脑就会更具体、更直接地思考你现在选择的结果。你想象的未来图景越真实、越生动，你做的决定就越不会让你在未来后悔。

2. 给未来的自己发条信息。FutureMe.org 的创始人发明了一种给未来的自己发邮件的方法。从 2003 年起，他们就收了大量人们写给未来自己的电子邮件。他们会按作者选择的未来的某个时间点，把这些邮件发出去。为什么不利用这个机会想一想未来的自己在做什么，他们会如何看待自己现在做出的选择呢？向未来的自己描述一下自己现在将要做什么，有助于你实现长期目标。你对未来的自己有什么希望？你觉得自己会变成什么样？你也可以想象未来的自己回头看现在的自己。未来的自己会因为现在的自己做了什么而表示感激？心理学家海尔 · 厄斯纳 – 荷什费德说，即使你只是想一想要在这封电子邮件里写点什么，你就会觉得和未来的自己联系更紧了。

3. 想象一下未来的自己。研究发现，想象未来的自己能增强你现在的意

① 这个典故解释起来太痛苦了。看不懂的读者可以去看看1985年的经典电影《回到未来》。如果你这么做了，未来的你会对现在的你表示感谢的。——作者注（德劳瑞恩DMC-12是电影中一辆有鸥翼造型车门、能穿梭时光的汽车。——译者注）

志力。在一个实验中，宅男宅女们需要想象两个未来的自己。第一个是他们希望成为的自己。那个人能坚持锻炼，身体健康，充满能量。第二个是他们害怕成为的自己。那个人懒散度日，毫无活力，体弱多病。这两种想象都能让他们离开椅子，和没有想象未来自己的对照组相比，这些人在两个月后提高了锻炼频率。在你的意志力挑战中，你能想象一个你希望成为的自己，一个能承诺改变并获得成果的自己吗？或者，你能想象一个背负不改变带来的恶果的自己吗？让你的白日梦做得更生动，更有细节。想象一下你会有什么样的感觉，你看上去会是什么样的，你会对过去的选择有什么感觉。你是会感到自豪、心怀感激，还是会后悔不迭？

该等待的时候，该屈服的时候

我们一直认为最好不要及时享乐。但真的是这样吗？

哥伦比亚大学的市场研究员拉恩·基维茨（Ran Kivetz）发现，一些人没法及时享乐。他们用工作、美德或未来的幸福不断地推迟快感。但最终，他们会为自己的决定感到后悔。基维茨把这种情况称为“高瞻远瞩”——其实就是“好高骛远”，不过换了个好听的说法而已。就像我们看到的，大多数人都是目光短浅的。当奖励的承诺摆在眼前的时候，他们没法把承诺当作即时的快感。那些受“高瞻远瞩”折磨的人则习惯于看得更远，而看不到屈服于诱惑时的快感。这个问题其实和“目光短浅”一样严重，最后都会带来失望和不快乐。

对那些无法对诱惑说“好”的人来说，他们屈服诱惑时需要的自控力，和我们抵抗诱惑时需要的意志力一样多。只有用这一章提到的策略才能搞定这些人。那些“高瞻远瞩”的人和大多数“目光短浅”的人不一样，他们必须预先做出放纵自己的承诺。比如，在兑换信用卡奖励积分的时候，你可能会选择换取礼物，而不是返还现金。如此一来，你就会迫使自己花钱购买奢侈品，而不是把钱存起来以备不时之需。（但是，你还得保证你拿到的礼品不会被扔进抽屉里积灰——你总觉得还没到用它的时候，所以把它一直放在那儿。）你也可以像那些不想向即时满足感投降的人一样，改变观念，帮助自己做出更好的选择。“高瞻远瞩”的人需要把放纵视为一种投资，而不是只关注这么做的损失。你可以想象一下，你过一段时间能得到多少欢乐。你也可以把放纵当成恢复精力、继续工作的必经之途。（卖家们对人们的这种需求了如指掌，他们乐于把奢侈品设计成减少消费者罪恶感的样子。）当你想到今天的决定会影响自己未来的幸福时，你还得想一想，如果你今天不这么做，以后肯定会后悔的。

我承认，有时候我也会有点“高瞻远瞩”。当有必要提醒自己去放纵一下的时候，我就会想到那瓶我珍藏了 5 年的香槟酒。那瓶酒是我拿到奖学金进入研究生院的时候，我的老师作为礼物送给我的。当她把酒和一张贺卡递给我的时候，我觉得自己不应该当场打开这瓶酒。我不知道自己能否在研究生阶段取得成功。而且在我看来，入学是我需要跨越的第一个坎。我告诉自己，等我到斯坦福安定下来之后，再来喝这瓶酒。所以，这瓶酒跟着我一起从波士顿来到北加利福尼亚。我在心理学系安定下来了，但总觉得还没到喝这瓶酒的时候。我没有举办任何庆祝活动。或许，合适的时候是我研究生一年级结束的时候，或者是我发表第一篇论文的时候。

后来，那瓶香槟酒又跟着我搬了 4 次家。每次我把它包起来的时候，我都会想，只要我跨过了下一个障碍，我就会觉得应该打开它了。终于，当我终于提交了博士论文，拿到了学位证书后，我打开了这瓶酒。但那时候，酒已经没法喝了。当我把酒倒进水槽的时候，我发誓以后绝不会再这么浪费酒了，也不会再浪费任何一个庆祝成功的机会了。

深入剖析：为了你自己好，你是不是太“高瞻远瞩”了？

你是否有过这样的感觉：因为总有更多的事情要做，似乎没办法放下工作休息一下？你是否对花钱产生了太多的罪恶感和焦虑感，以至于除了购买生活必需品，你觉得自己很难再去买别的东西？你有没有回头看过，自己是怎样花费时间和金钱的？你会不会希望当时你能更关注即时的快乐，而不是总去推迟享受？如果是这样的话，试一试本章提到的意志力实验，把它们当作放纵自己的方法。（别再试着推迟了，好不好？）

写在最后的话

当我们思考未来时，我们能预测到未来的自己和想象中有什么不同。未来的奖励似乎并不那么有诱惑力，所以我们选择了即时的满足感。我们无法预测自己会怎么受到诱惑、怎么被分散注意力，所以我们无法坚定自己的目标。如果我们想做出更明智的决定，就要更好地理解和支持未来的自己。我们还需要记住，为现在的行为承担后果的，看似是未来的自己，实际上还是我们自己。未来的自己会对我们现在的付出感激不尽。

本章总结

核心思想：我们无法明确地预知未来，这为我们带来了诱惑，让我们拖延着不做某些事。

深入剖析：

· 你给未来的奖励打了几折？在你的意志力挑战中，每当你屈服于诱惑或拖延的时候，你会出售哪些未来的奖励？

· 你在等待未来的自己吗？你是否在推迟重要的改变或任务，等待自控力更强的未来的自己出现？

· 为了你自己好，你是否太“高瞻远瞩”了？你是否觉得放纵自己比抵抗诱惑还困难？

意志力实验：

· 等待 10 分钟。在诱惑面前强制安排 10 分钟的等待时间。在这 10 分钟里，一定要时刻想着长远的奖励，抵制住诱惑。

· 降低你的折扣率。当你受到诱惑，要做和长期利益相悖的事情时，请想一想，这个选择意味着，你为了即时的满足感放弃了更好的长期奖励。

· 预先对未来的自己做出承诺。做好拒绝诱惑的准备，让改变偏好变得更难，用奖励或威胁来激励未来的自己。

· 预见未来的自己。创造一个未来的记忆，给未来的自己发条信息，想象一下未来的自己。

18 岁的约翰刚刚高中毕业，他在科罗拉多州厄尔巴索市的美国空军军官学校前下了公共汽车。他背着一个双肩包，里面装着一些允许新学员携带的物品：一个小闹钟、一件冬装外套、一些邮票和信纸、一个图形计算器。他还带了一些其他的东西，但那些东西不在他的背包里，也不会被和他分在同一个中队的其他 29 名新学员看到。在持续一年的训练中，这些学员将住在一起，吃在一起，学在一起。约翰带来的东西将慢慢传播给中队其他成员，对他们的健康和他们在空军的前途构成威胁。

约翰究竟带来了什么灾难？他带来的不是天花、肺结核或性病，而是体质虚弱。虽然人们难以相信身体虚弱也能传染，但 2010 年美国国家经济研究局的一个报告显示：体质虚弱就像传染病一样，在美国空军军官学校中蔓延。共有 3487 名学员接受了为期 4 年的跟踪调查，从他们在高中的体检一直到他们在军官学校中的例行体检。一段时间以后，中队里体质最弱的学员逐渐拉低了其他学员的体质。实际上，当新学员刚到军官学校时，和他自己入学前的体质比起来，通过他所在中队里最虚弱的学员的体质，可以更好地预测他未来的体质。

这个调查能够说明，实际在很大程度上，那些我们通常认为受自控力影响的行为，也会受社会控制力的影响。我们愿意相信，我们的决定不会受他人的影响，我们为自己的独立和自由意志感到自豪。但从心理学、市场营销学和医药学等方面的研究来看，我们个人的选择在很大程度上会受他人想法、意愿和行为的影响。甚至，我们认为他们想要我们做什么，这都会影响我们的选择。正如我们下面将看到的，这种社会影响经常给我们带来麻烦。但这也有助于我们实现意志力目标。意志力薄弱可能会传染，但你仍然可以获得自控力。

传染病的传播

疾病控制和预防中心之所以出名，是因为这里研究 H1N1 病毒的暴发，更早之前还研究过的艾滋病病毒的暴发。但他们也关注长时期内国民健康的变化，包括美国每个州肥胖率的变化。在 1990 年，美国没有一个州的肥胖率达到或高于 15%。到 1999 年，有 18 个州的肥胖率在 20% ～ 24% 之间，但没有一个州达到或高于 25%。到 2009 年，只有一个州（科罗拉多州）和哥伦比亚地区的肥胖率低于 20%，其他 33 个州的肥胖率都达到或高于 25% 了。

卫生部官员和媒体是这样形容这个趋势的——肥胖传染病。哈佛医学院的尼古拉斯・克里斯塔斯基（Nicholas Christakis）和加州大学圣地亚哥分校的詹姆斯・福勒（James Fowler）这两位科学家被这个形容震惊了。他们想知道，体重的增加是否以和其他传染病（如流感）相同的方式在人群中传播。为了找到答案，他们拿到了弗雷明汉心脏研究所的数据。这家研究所在 32 年里跟踪调查了马萨诸塞州弗雷明汉 1.2 万多名居民的状况。调查开始于 1948 年，当时共有 5200 名参与者。1971 年和 2002 年又有新一代的居民加入调查。数十年来，该地居民一直汇报自己的个人信息，包括自己体重的变化，以及与研究中其他人的社会关系。

通过一段时间对参与者体重的观察，两位科学家发现了像传染病一样的现象——肥胖是会传染的，它会在家庭内部和朋友之间传染。如果一个人身边有个朋友超重了，那么他变胖的概率就会增加 171%。如果一个女性的姐妹超重了，那么她变胖的概率就会增加 67%；如果一个男性的兄弟超重了，那么他变胖的概率就会增加 45%。

在弗雷明汉社区，不只是肥胖在传染，其他东西也在传染。当一个人开始酗酒，其整个社交圈中泡酒吧的人和宿醉的人都会变多。但是，两位科学家也发现了“自控力可以传染”的证据。如果一个人戒烟了，那么他家人和朋友戒烟的概率也会增加。克里斯塔斯基和福勒在其他社区也发现了这种传染现象。这种现象涵盖了许多种意志力挑战，比如吸毒、失眠和抑郁症。尽管这个情况令人不安，但有一点很明确：坏习惯和积极的改变都能像细菌一样在人群中传播，而且没有人能完全不受其影响。

深入剖析：你的社交

不是每个意志力挑战都是社会“传染”的结果，但大多数挑战都存在社会“传染”的问题。针对你自己的意志力挑战，请考虑以下问题：

在你的社交圈中，有没有其他人有和你一样的意志力挑战？

回想一下，你有没有从朋友或家人身上学到过某种习惯？

和某些人在一起的时候，你会不会更容易放纵自己？

在你的社交圈中，最近有没有其他人也在尝试应对这个意志力问题？

社会中的个人

说到自我控制这个问题，我们已经知道，人类大脑里不是只有一个自我，而是有很多不同的自我在相互竞争，争夺控制权。这里面有想获得即时满足感的自我，有铭记远大目标的自我，有现在的自我，也有未来的自我。他们可能相似，也可能不同。实际上，你会发现自己大脑里还住着几个人，就像脑子里还不够挤似的。我说的可不是多重人格障碍，我指的是你的父母、配偶、孩子、朋友、老板，以及任何出现在你日常生活中的人。

人生来就要和其他人产生联系。我们的大脑已经找到了一种巧妙的方法，确保我们能产生这样的联系。我们有专门的脑细胞管这件事，它名叫“镜像神经元”。它唯一的任务就是注意观察其他人在想什么，感觉如何，在做什么。镜像神经元分布在整个大脑中，帮助我们理解其他人所有的经历。

比如，想象一下你和我待在一个厨房里，你看到我用右手去拿一把刀。你的大脑就会自动把这个动作转化成某种信息，管理你右手运动和感觉的镜像神经元就会被激活。这样，你的大脑就会开始分析我在做什么。镜像神经元会重新创造我的运动，就像一位侦探在重建犯罪现场一样。它会试图找出当时发生了什么，以及发生这件事的原因。这会让你猜测我为什么要拿刀，之后会发什么事。我是要攻击你吗？还是说，我的目标是台面上的胡萝卜蛋糕？

再比如，当我去拿刀子时，一不小心划破了右手的大拇指。噢！当你看到这个的时候，你大脑中管理痛感的镜像神经元就会做出反应。你的脸部肌肉会开始抽搐，你马上就知道了我的感觉。痛感对大脑来说是如此真实，就像疼痛的信号是来自你的右手一样。你脊髓中的神经甚至会试图抑制这种疼痛，就好像实际上是你切到了手！这就是移情的本能，它让我们理解他人，并对他们的感觉做出回应。

等我包扎好拇指，给自己拿了块蛋糕，你大脑奖励系统的镜像神经元就会被激活。即使你自己不喜欢胡萝卜蛋糕，但你知道我最喜欢它（的确如此），你的大脑也会开始期待奖励。当我们的镜像神经元获取了别人奖励承诺的信息时，我们自己也会渴望得到奖励。

镜像意志力失效

通过这个简单的场景，我们发现了三种形式，这三种形式都会使我们的社会脑（social brain）出现意志力失效。第一种形式是无意识的模仿。当镜像神经元探测到其他人的行动时，它会让你的身体也准备做同样的动作。当你看到我去拿刀的时候，你可能会不自觉地想伸手帮我一把。在其他情况下，我们也会无意识地对别人的姿势或动作做出反应。如果你注意一下肢体语言的话，你就会发现，交谈中的人会摆出对方的姿势。一个人交叉着双臂，过了一会儿，和他说话的人也叉起了双臂。她的身子向后倾斜，很快，他的身子也会向后倾斜。这种无意识的身体镜像似乎能帮助人们更好地了解彼此，同时带来相互联系、关系密切的感觉。（这就是为什么销售员、经理和政客都需要经过训练，让他们能有意识地去模仿别人的姿势。因为他们知道，这么做更容易影响他们的模仿对象。）

我们有模仿别人行动的本能，这就意味着，当你看到别人去拿零食、饮料或信用卡的时候，你自己也会无意识地模仿他们的行为。同时，你也会失去自己的意志力。最近，研究人员考察了烟民在看到电影中有人抽烟时，他们大脑中发生的变化。他们控制手部运动的大脑区域变得活跃起来，就像烟民的大脑正在准备掏根烟点上一样。仅仅是看着屏幕上有人抽烟，就会让人下意识地产生吸烟的冲动。对想要控制冲动的烟民来说，这无疑加大了挑战。

大脑让我们误入迷途的第二种形式是传染情绪。我们发现，自己的镜像神经元会对别人的疼痛产生反应，也会对别人的情绪产生反应。正因为如此，同事的坏心情会变成我们的坏心情——这让我们觉得自己才是那个需要喝酒的人！这也就是为什么，电视情景喜剧会添加笑声音轨——他们希望，别人的笑声也能惹你发笑。这种情绪的自动传染同样能解释，为什么社交研究者克里斯塔斯基和福勒发现，快乐和孤独的情绪会在朋友和家庭中传播。

那么，这为什么会造成意志力失效呢？当我们感觉不好的时候，我们会用惯用的方法来改善心情。这可能意味着，很快你就会去疯狂购物或者吃下一块巧克力了。

最后，当我们看到别人屈服于诱惑时，我们的大脑也可能受到诱惑。如果你发现别人和你有同样的意志力挑战，你就会很想加入他们。当我们想象别人想要什么的时候，他们的欲望就会引发我们的欲望，他们的食欲也会引发我们的食欲。这就能解释，为什么我们和别人在一起的时候，要比一个人的时候吃得更多；为什么赌徒看到别人赢了一大笔钱的时候，自己也会提高赌注。这也能解释，为什么我们和朋友一起购物时花的钱更多。

深入剖析：你在模仿谁?

这一周，仔细观察你是否在模仿别人的行为，尤其是和你的意志力挑战有关的行为。同样放纵自己的行为是不是维持关系的社会黏合剂？当看到周围的人在做同样的事时，你会不会变本加厉地去做这件事?

受社会影响的烟民

马克最近找了个新工作，在咖啡店里做服务员。咖啡店每 4 个小时换一次班，员工能休息 10 分钟。马克很快发现，休息时大多数人会去后院抽烟。换班结束的时候，大家通常是从后院走进来的。回家前，大家也是边聊天边抽烟。马克平时不太抽烟，不过聚会时偶尔会抽一两根。他发现，自己休息的时候，如果其他服务员也在后院，他就会抽烟。有时候下班后，他也会和同事们在一起抽烟。

我在课上谈到社会环境对行为的影响时，马克意识到，这就是自己的问题。他一个人的时候从来不抽烟。但在工作的时候，因为大家都在抽烟，甚至咖啡店经理都在休息时抽烟，所以他抽烟比不抽烟要容易得多。马克没有过多考虑这种社会习惯会带来什么后果，但他绝对不想因此不再和同事来往，即使那些人都是大烟鬼，每天的精神支柱就是休息时抽根烟。他决定不再找同事们要烟抽。他的同事对此一点儿也都不生气，因为他们不用再给他烟了。马克仍然认为社交很重要，只是他不用在社交时抽烟了而已。

目标也能传染

人类天生就能洞察别人的思想。当我们观察别人的行动时，我们会用社会脑去猜测他们的目的。为什么那个女人要冲那个男人大喊大叫？为什么服务员要和我调情？这样的猜测可以让我们预测别人的行为，避免社会灾难。我们需要学会保护自己和他人，远离社会威胁。（那个正在尖叫的女人，和与她在一起的男人，谁处在危险之中？谁会需要帮助？）在模棱两可的情况下，我们也需要做出最合适的反应。（那个和我调情的服务员是想多拿点小费，而不是想约我出去。）

但是，这种自动读心术也有一种自控的副作用：它会激活我们心中的共同目标。心理学家称之为“目标传染病”。研究发现，我们很容易感染别人的目标，从而改变自己的行为。比如，在一项研究中，同学们得知了另一位同学在春假里打工的事，大家就都把赚钱视为自己的目标。然后，这些学生就会在实验中更努力、更勤快，以便多赚点钱。年轻人看到男人在酒吧里和女人搭讪的故事时，他们就会把草率的性行为当作目标，也就更可能帮助突然闯进实验中的漂亮年轻女性。（研究人员证实，这位年轻男士相信，帮助这名女性会让他更可能和她上床。这听起来很合理。但我肯定，实际效果可能没有大部分年轻男士想得那么乐观。）另一些调查显示，想着一位吸大麻的朋友，会让大学生更想得到刺激的体验；想着一位不吸大麻的朋友，就会减少他们的兴致。

这些对自控来说意味着什么呢？好消息是，能够传染的目标，仅限于你已经拥有的或是和他人共有的目标。你不会因为短暂暴露在一个目标前面，就感染上这个全新的目标。这和感染流感病毒不是一回事儿。当朋友给你烟时，不抽烟的人不会产生对尼古丁的欲望。但是，别人的行为能激发你大脑中的某个目标，只不过这个目标当时没能控制你的选择而已。正如我们看到的，意志力挑战总是包含了冲突，这种冲突来自两个相互竞争的目标。你现在想要享乐，但你又想要未来的健康。你想要冲老板发脾气，但你又想保住自己的工作。你想要大肆挥霍，但你又想要还清债务。看着其他人追求其中一个目标，你大脑中两方的力量对比就会发生扭转。

目标传染在两个方向上都会起作用——你既可以感染自控，也可能感染自我放纵。但是，我们好像更容易感染上诱惑。如果和你共进午餐的人点了甜品，她“即时满足”的目标便会和你“即时满足”的目标狼狈为奸，一起打倒你减肥的目标。看着别人在买节日礼物时大手大脚，你的欲望就会增加，你就会希望圣诞节早上给自己孩子更多快乐。这会让你暂时忘掉，自己最初的目标是少花点钱。

意志力实验：增强你的免疫系统

我们不总是感染别人的目标。有时，看着别人屈服于诱惑，反而能增强我们的自控力。当你坚定了一个目标时（比如减肥），还要意识到你有一个与之冲突的目标（比如吃个比萨）。当你看到别人的行为和自己最大的目标发生冲突时，你的大脑就会处于高度警惕的状态。它会让你的主要目标更坚定，它还会寻找策略帮你坚守目标。心理学家把这叫作“反抗控制”。但当你的自控力受威胁时，你可以把它看作一种免疫反应。

当你面对别人的目标时，增强免疫系统的最佳途径就是：在每天刚开始的时候花几分钟想想自己的目标，想想你会怎么受到诱惑，想要改变自己的目标。这就像疫苗一样，能保护你不受别人的感染。回想自己的目标能强化这个目标，避免你感染他人的目标。

感染别人的目标，失去自己的控制

有时候，我们感染的不是某种具体的目标，比如吃零食、花钱、诱惑陌生人，而是和我们的冲动一致的、更普遍的目标。荷兰格罗宁根大学的调研人员在各种真实情景下证明了这一点。他们的研究对象是那些没有疑心的路人。他们找到了很多人们举止恶劣的“证据”，比如，明明旁边有醒目的“不准停车”标志，人们还是把自行车锁在栅栏上；明明杂货店有“购物车使用后请归还店内”的规定，人们还是把购物车留在停车场里。他们的研究显示，“打破规则”也是可以传染的。在研究人员的计划里，那些人受到他人行为的影响，忽略了这些标志。因为别人也把自行车锁在栅栏上，把购物车留在停车场里。

但结果不仅于此。当人们看到“不准停车”的栅栏旁锁着自行车时，他们更可能不遵守规定，跨过栅栏走捷径。当人们看到停车场里的购物车时，他们更可能把垃圾丢在停车场的地上。比起打破某一项规则的目标，能传染的目标范围更广。人们感染的目标是做自己想做的事，而不是自己应该做的事。

当我们看到别人忽视规则、受欲望支配的时候，我们更可能在任何冲动面前选择屈服。这就意味着，当我们看到别人举止不良的时候，我们的自控力也会降低。（这对爱看电视真人秀节目的人来说是个坏消息，因为这些节目通常讲的是三件事——酗酒、打架、第三者插足。）听说有人偷税漏税，会让你觉得放松一下节食计划没什么大不了。看到其他司机超速驾驶，你也许会花钱超预算。这样一来，我们就会从别人那里感染上了“意志力薄弱”，即便我们的弱点和我们看到的别人的弱点毫不相同。重要的是，我们甚至不需要直接看到别人行动。就像病人摸过门把手后，很长一段时间里，细菌仍会留在把手上面一样，即使我们只看到了其他人屈服于诱惑的证据，我们也会感染上同样的目标。

意志力实验：感染自控力

研究发现，想到自控力强的人可以增强自己的意志力。对你的挑战来说，谁能成为你的意志力榜样呢？是那些经历过同样的挑战并最终成功的人，还是那些自控力的典范？（在我的班上，最常被提名的意志力模范是成功的运动员、精神领袖和政治家。但实际上，家人和朋友能给予我们更多的动力。我们接下来就会发现这个问题。）当你需要多一点意志力的时候，想想你的榜样。问问自己：那个意志力强的人会怎么做？

为什么说，你喜欢的人比陌生人更有传染性

在流感肆虐的季节，你可能从任何接触过的人身上感染病毒。比如，收银员咳嗽时不捂嘴，他刷完了你的卡递给你，你的卡上就沾满了细菌。这就是流行病学家所说的“简单传染”。在“简单传染”的情况下，病毒是谁传染给你并不重要。陌生人携带的细菌，和你喜欢的人携带的细菌没什么不同。只要你碰上病毒，就会被传染上。

但是，行为传染的方式则有所不同。社会传染，如肥胖或吸烟的传播，遵循的是“复杂传染”的模式。仅仅接触到行为的“携带者”还不够，重要的是你和这个人的关系。在弗雷明汉社区里，行为的传播不会跨过栅栏和后院。社会传染病在人际网络中传播，那里面都是互相尊重、互相欣赏的人。

它不会在街道网络中传播。同事的影响怎么也比不上密友的影响，即便是朋友的朋友的朋友，也比你每天见到却不喜欢的人更有影响力。这种选择性的传染在医学界是闻所未闻的。这就好像是，只有从你不认识或不喜欢的人身上感染病毒时，你的免疫系统才能保护你。但是，行为就是这样传染的。和地理上的亲近程度比起来，社会关系上的亲密程度更重要。

为什么在关系密切的人中间，行为会传染得这么严重呢？我们可以用免疫系统作个类比。只有当免疫系统发现那些人“和我们不同”时，它才会拒绝他们的目标和行为。毕竟，我们体内的免疫系统不会攻击自身的细胞。只要它能辨别出那是自己的东西，它就不会做出任何反应。但是，只要它辨别出那是来自外部的东西，那对它来说就是威胁。它会隔离或摧毁这个病毒或细菌，这样你就不会生病了。事实证明，当我们想到我们喜爱、尊重的人和感觉相似的人时，我们的大脑会像对待自己一样对待他们，而不会把他们视为“别人”。在脑部扫描仪中就能发现这一点。如果你观察一个成年人先想到自己，再想到他的母亲，他想到自己和母亲时大脑活跃的区域几乎一样。这说明，我们认为的“自己”也包括我们关心的人。我们的自我意识取决于我们和他人的关系。在很多时候，只有想到其他人，我们才知道自己是谁。因为，我们的自我意识中包含了其他人，他们的选择影响着我们的选择。

深入剖析：你最可能被谁感染？

花一点时间去想一想，谁是和你关系密切的人。你和谁在一起的时间最长？你最尊重谁？你觉得谁和自己最像？谁的意见对你来说最重要？你最信任谁，最关心谁？你能不能想到哪些行为（无论是有益的还是有害的）是你从他们身上学来的，或是他们从你身上学到的？

群体的一员

想象一下，有人敲了敲你的门，让你回答几个关于节约能源的问题。你多久会省一次电？你会通过缩短洗澡时间来节约用水吗？你给房子做过隔热处理，以此减少热量流失吗？你开的是高油耗的汽车吗？然后，他们又问你，你有多赞同“节约能源有利于自然环境，能为你省钱，还能造福后代”这个说法。最后，他们问你两个问题：最能促使你节约能源的原因是什么？你认为邻居中有多少人试着节约能源？

作为“人们为什么节约能源”这个研究的一部分，研究者向加利福尼亚州的800位居民询问了这些问题。这群人都相当无私，都说自己最大的动力是保护环境，其次是造福后代，最后才是省钱。“因为其他人在做同样的事”这个因素被排在了最后。但在为加利福尼亚居民极高的公共意识欢呼雀跃之前，我们得考虑这样一件事：调查中只有一个问题可以预测他们节约能源的真实情况，那就是他们认为有多少邻居在试着节约能源。其他的理由和动力，比如省钱和为子孙拯救地球，都和他们做的事毫无关联。人们都认为自己的行为目的高尚。然而，唯一关系到你怎么做的理由反而是最不无私的“别人都这么做”。

这个事例说的是心理学家所谓的“社会认同”。当群体里的其他人都在做某件事时，我们很容易认为这件事是应该做的聪明事。这是很实用的生存本能之一，这些生存本能伴随社会脑一起出现。要知道，如果你看到整个群体都在往东走，你最好还是跟上。相信别人的判断，正是让社会生活正常运转的黏合剂。你不必亲自了解一切，可以把全部精力放在自己擅长的事上，无论你擅长的是制造最好的河马皮腰带，还是对股市行情进行准确预测。

我们的日常行为受到“社会认同”的巨大影响。这就是为什么我们经常在新闻网站上浏览“最受欢迎的新闻”，也就是我们为什么更可能去看“排行榜第一位”的电影，而不是去看那些“票房毒药”。“社会认同”还解释了为什么犹豫不决的选民会相信民意测验，为什么父母在超市过道里为了最热门的新玩具打架会被算作“新闻”。其他人想要的一定是好的，其他人认为对的一定是正确的。如果我们还没有形成自己的观点，或许我们也会信任群体的观点。

那些挨家挨户做能源使用情况调查的研究人员，决定测试一下“社会认同”对行为改变有何影响。他们设计了一个门上挂牌，以此来鼓励加利福尼亚州圣马科斯的居民缩短洗澡时间，关掉不需要的灯，在晚上用电风扇代替空调。每个挂牌上都有几句鼓励的话，一些是让居民们保护环境，另一些则更强调节约能源可以造福后代，可以减少居民的能耗费用。而强调社会认同的挂牌上只有一个声明：“据报道，在你的社区里，99% 的人关掉了不需要的灯来节约能源。”

在 4 周的时间里，共有 371 个家庭每周会收到一个挂牌。重要的是，每个家庭总是收到相同的鼓励的话。例如，一家人会连续收到 4 个强调社会认同的挂牌，或 4 个写着“造福后代”的挂牌。为了弄清楚哪种激励最有效，调查人员定期到每个家庭去抄电表。他们还拿到了这些居民收到挂牌前后几个月的电费账单。结果表明，唯一能减少家庭能源使用的话是“别人都这样做”，其他的话（也是人们宣称自己节约能源的理由）对他们的行为毫无影响。

诸多研究证明，妈妈警告我们不要成为自杀的小旅鼠，但我们就是那些小旅鼠。这项研究只是诸多研究中的一个。“如果你的朋友们都跳河了，你会跟着跳吗？”我们现在知道，甚至以前就知道，正确的答案应该是：“不，肯定不会！我是个有主见的人，其他人影响不了我！”但更真实的答案或许是——我们会这么做。

我们都不想被人提醒这件事。我发现，教室差不多每个学生都相信自己是独一无二的。我们一生下来就被训练走自己的路，从人群中脱颖而出，成为领导者而不是追随者。然而，美国文化痴迷的独立自主，斗不过人类想融入群体的渴望。那些不随波逐流的人或许得到了社会的称赞，但我们无法逃离社会的本能。门上挂牌的研究表明，没有必要把它看成坏事。只要我们相信社会规范就是做正确的事（或更难的事），"社会认同"就会增强我们的自制力。

上帝想要你减肥

你能告诉人们这是上帝的旨意，以此说服他们去锻炼身体、吃更多水果和蔬菜吗？中田纳西州立大学的一项干预实验就是这么做的，并取得了非同一般的效果。这项干预实验要求人们思考关心自我和身体健康在他们信仰的宗教里有多么重要。例如，研究人员会要求基督徒思考《圣经》的经文，如"酗酒的人，不可与他们来往；暴食的人，不要与他们为友。"（箴言 23:20，新国际版《圣经》）和"我们当洁净自己，除去身体灵魂一切的污秽，敬畏神，得以成圣。"（哥林多后书 7:1，新国际版《圣经》）。研究人员会要求他们反思自己在生活中的行为，比如吃垃圾食品或不锻炼身体，这些行为和他们宣称的信仰和价值观不相符。当他们认识到自己的行为与信仰不符时，鼓励他们去制订改变行为的计划。相信好的基督徒应该减肥和锻炼身体，这是强有力的"社会认同"，远比检测出高胆固醇后医生的严厉警告来得有效。

心理学家马克·安塞尔（Mark Ansel）拓展了这个方法。他认为，宗教团体在支持行为调整上应该承担更多的责任。教堂在提供宗教服务的同时，也可以提供瘦身课程和营养讲座。它们在举办社交活动时，也应该提供健康食品。他指出，要让这个方案奏效，宗教领袖必须成为好的行为模范。在宣传晨间散步之前，他们必须保持体形。正如他们不能踏进妓院一样，他们在走进麦当劳之前也需要三思。毕竟，"社会认同"也需要例证。

斯坦福大学在本科生中开展了一项干预实验，这个实验用相当不一样的方法来让他们减少某种行为。研究人员设计了两份不同的传单来劝阻酗酒行为。一份传单采取了理性的方式，列出了酗酒相关的恐怖数据，例如“一晚上的酗酒会降低你的抽象思维能力，这个效果会持续 30 天。”（是的，对许多追求好成绩、担心自己在接下来的微积分考试中表现不好的本科生来说，这是让人不得不信的理由。）另一份传单把酗酒和在大学社交生活中备受蔑视的人（也就是研究生）联系起来。这份传单上画着一位研究生正在喝酒，旁边写着警告：“斯坦福的很多研究生都酗酒……他们中的很多人都相当肤浅。所以在你喝酒时也要想想……没有人想被误认为是这种人。”

这两份不同的传单被分别贴在两栋新生宿舍里。传单贴上去两周后，住校学生接受了一次匿名问卷调查，问他们上一周喝了多少酒。住在贴着“肤浅的研究生”传单那栋楼里的大学生喝下的酒精，比另一栋贴着“理性陈述”传单的楼里少 50%。这些学生说的是实话吗？我们没法弄清楚，因为研究人员没跟着他们去参加派对。他们可能说了谎，因为即使是个匿名调查，本科生也不想被误认为是“肤浅的研究生”。但是，如果这个报告是真的，那么这项研究就展示了一种劝阻不健康行为的新策略，即让人们相信这种行为是你从不愿掺和的那个群体成员的坏习惯。

这两项干预实验都展示了“社会认同”对支持行为调整的重要作用。如果我们相信，戒掉恶习并培养新的美德会让我们在自己最重视的群体中站稳脚跟，我们或许会愿意这么做。

当自控变得不正常时

如果我们想让别人更有意志力，就要让他们相信自控是个社会规范。但你最近一次听到人们行为改善是什么时候呢？媒体更愿意用耸人听闻的数据来吓唬我们，那些数据让我们觉得所有人都变得更懒惰、更不道德、更不健康了。在这一章的开篇，我提到了一个新动向——66% 的成年人都超重或肥胖。我们总是听到下面这种数据：40% 的美国人从不锻炼，只有 11% 的美国人每周进行 5 次剧烈运动（这是保持健康和减肥的推荐标准）。只有 14% 的成年人按照推荐的标准每天吃 5 份水果和蔬菜。相反，每个成年人一年平均要消耗 100 磅糖。

列出这些数据是为了让我们感到恐惧。但说实话，如果我们发现自己处于多数阵营，所有人的脑海里就会响起："还好还好，我跟别人一样。"我们听到这种数据的次数越多，就越坚信这是大家都在做的事，如果我们自己也是这样，实际上没什么大不了的。当你和剩下的 86% 的美国人一样时，为什么还要去改变呢？

如果我们知道自己是"正常人"，我们就会改变对自己的看法。例如，对整个国家来说，人们变得越胖，就越会觉得自己在变瘦。2010 年《内科医学档案》中的一份报告指出，有 37% 的人在被临床诊断为肥胖后，不仅认为自己并不胖，还相信自己变胖的风险很低。虽然这看起来是对事实的否定，但却直接反映了新的社会现实。当所有人的体重都在增加时，即使医学上的肥胖标准没有变化，我们自己却把肥胖标准提上去了。

如果我们处于意志力薄弱的多数阵营之外，处于钟形曲线的另一侧，我们就会发现自己正在向中间靠拢。一项研究显示，住户一旦知道自己的能耗量低于平均水平，就会开始不关灯或者开始使用自动恒温器。和做正确的事比起来，人们更愿意向中间靠拢。

在说到"社会认同"的时候，我们认为别人做的事比别人实际做的更重要。比如，大学生对身边同学普遍作弊的情况估计过高。要想知道一个学生有没有作弊，要看他是否相信别人也在作弊，而不是看作弊的惩罚是否严厉，也不是看他是否认为自己会被抓。当他们相信自己的同学作了弊时，原本诚实的班级也会变成所有学生都在考试中发短信、传答案的班级。（是的，我曾抓到一个学生抄别人答案。）

这种现象并不局限在教室里。多数人高估了纳税人在申报时虚报瞒报的比例。当大家觉得这是正常现象时，实际的虚报比例就会升得更高。我们并非无可救药的骗子，一旦大家知道了准确的信息，就会纠正自己的行为。举个例子来说，当大家都知道了其他纳税人诚实程度的准确数据，他们就更可能诚实地申报纳税。

深入剖析：可别人都这么做！

如果我们认为别人还在做我们试图改掉的不良行为，那么“社会认同”就会妨碍我们做出改变。你有没有告诉过自己，你的意志力挑战不是什么大事，因为它是社会规范？你是否意识到，自己认识的所有人都有同样的习惯？如果是这样，你可能会质疑这种看法。质疑它的最好方法就是找到一群人，他们正在做你渴望做到的事。找到一个新的“群体”并加入进去。这个“群体”可能是一个支援小组、一个班级、一个本地俱乐部、一个网络社区，甚至是一份支持你实现目标的杂志。置身于和你共享承诺与目标的人们当中，会让你觉得自己的目标才是社会规范。

“我应该”的力量

当你减掉 50 磅后出现在高中同学聚会上，你的老同学该会多么惊讶！这种想象能促使你每天早晨起床锻炼吗？当你抽烟的时候，你 9 岁的儿子会十分失望。这种失望能否让你不在工作时鬼鬼祟祟地抽烟？

在考虑如何做出选择时，我们经常想象自己是别人评估的对象。研究发现，这为人们自控提供了强大的精神支持。预想自己实现目标（比如戒烟或献血）后会非常自豪的人，更有可能坚持到底并获得成功，预想自己的行为会受到谴责也很有效。有些人会想象，别人知道自己发生不安全性行为后，自己会很羞愧，这种人更可能使用安全套。

东北大学的心理学家大卫·德斯丹诺（David Desteno）认为，与讨论长期成本和收益的理性论证比起来，自豪、羞愧等社会情感能更迅速、更直接地影响我们的选择。德斯丹诺把这称为“激情的自控”。通常，我们把自控想成是冷静的理性战胜了感性的冲动。但是，自豪和羞愧依赖大脑皮层的情绪区，而不是用来作逻辑分析的前额皮层。社会情感可能进一步帮助我们做出选择，让我们在自己的群体里站稳脚跟。同样，恐惧有助于我们保护自己，愤怒有助于我们自我防卫，接纳社会或抗拒社会的想象会促使我们去做正确的事。

针对违法行为和社会性的破坏行为，一些企业和社区开展了实验，用社会羞愧感来取代原本社会规范的惩罚。如果你在曼哈顿唐人街的杂货店里行窃被抓到，你就会被迫和你想偷的东西合影。照片会被挂在靠近商店收银台的“羞耻墙”上，上面写着你的名字和地址，并被冠以“大盗”的恶名。

当芝加哥警方决定公布嫖娼被捕者的姓名和照片时，他们根本不是想惩罚这些人，而是希望吓住那些想去嫖娼的人。正如芝加哥市市长理查德·戴利（Richard M.Daley）在新闻发布会上为这个政策辩护时所说的：“我们要告诉所有踏进芝加哥的人，如果你嫖娼，你就会被捕。而你一旦被逮捕，所有人都会知道这件事，包括你的配偶、孩子、朋友、邻居和老板。”针对曾经嫖娼的芝加哥人的调查指出，这个政策起到了作用。在当地报纸上曝光嫖娼者的照片或名字，被誉为对嫖娼行为最有力的威慑。（87% 受访者认为这个举措让他们三思而后行。）这个措施的效力高于监禁、扣押驾照和 1000 美元以上的罚款[①]。

羞愧的限度

在我们为羞愧的力量欢呼之前，还应该注意一下“去他的”效应。想象羞愧等消极社会情感实现的自控，与真的感到惭愧并耗光意志力，还是存在微妙差别的。我们三番五次地看到，糟糕的感觉会让人放弃抵抗。当这种糟糕的感觉以罪恶感和羞耻感的形式表现出来时，这种情况尤为明显。羞愧作为一种预防措施或许能起作用，但事情一旦结束，羞愧就会更可能引起自我伤害，而非自我控制。例如，对在牌桌上输了大钱感到羞愧的赌徒，最可能试图“赢回”他们损失的金钱。他们会下更大的赌注，甚至借钱来捞回损失。

即便羞愧是可以预期的，但在我们最需要它的时候，它也可能要了我们。研究人员要求健康意识很强的人想象自己面前有一块巧克力蛋糕，然后想象自己吃了这块蛋糕后感到羞愧。这样，他们就不太可能去吃它。然而，当研究人员把一大块从“芝士蛋糕工厂”甜品店拿来的巧克力蛋糕放在桌子上，配上一瓶水、餐叉和桌布时，羞愧就起到了反作用。只有 10% 的人抵制住了诱惑。可以预期的羞愧或许能让你不走进“芝士蛋糕工厂”，但当诱惑出现在你面前时，羞愧面对承诺的奖赏就失去作用了。一旦你大脑里产生多巴胺的神经元受了刺激，糟糕的感觉就会加剧你的渴望，让你更容易放弃抵抗。

① 值得注意的是，一半的受访者在第一次嫖娼时都不是单独行动的，他们一般会跟自己的朋友或亲戚一块儿去。就像肥胖、吸烟和其他社会流行病一样，在你的社交网络里，“嫖娼是可接受的”这种观点和嫖娼行为会像传染病那样传播开来。——作者注

自豪感的力量

从另一个层面看，即使面对诱惑，自豪的力量也会让你安然度过。那些想象自己抵制了蛋糕的诱惑后很自豪的人里，有 40% 一口蛋糕都没吃。“自豪”能起作用的原因之一是，它把人们的思维从蛋糕上转移开了。相反，羞愧则会触发那些可以预期的快感，被试者描述了很多和诱惑相关的想法，比如“蛋糕闻起来真香”和“蛋糕真好吃”。另一个原因则可以归结为生物学：实验研究发现，表现出内疚感会减少心率的变化，降低意志力的生理储备。反之，自豪感会保持甚至增加这种储备。

为了让自豪感发挥作用，我们必须认为别人都在监视自己，或我们有机会向别人报告自己的成功。市场研究人员发现，人们在公开场合更愿意购买绿色产品，比他们私下网购时买得多。买绿色产品是一种向别人展示自己很无私、很有思想的方法，我们想要社会认可自己这种高尚的购买行为。如果没有这种预期的驱使，大多数人可能都不会去保护树木。这个调查指出，让自己坚定决心的有效策略是——公开你的意志力挑战。如果你相信别人会支持你走向成功并观察你的行为，你就会更有动力去做正确的事。

意志力实验：自豪的力量

想象一下你在意志力挑战中取得成功后会多么自豪。这样，你就能充分利用“被认可”这个人类的基本需求。想一想你所在“群体”中的某个人，可以是一个家庭成员、一个朋友、一个同事、一个老师。想象他们的观点与你相符，或者他们会为了你的成功感到高兴。当你做出一个让自己感到自豪的选择时，你可以更新 Facebook 的个人状态，或是在 Twitter 上发布信息。如果你不喜欢高科技产品，你也可以和人们面对面地分享自己的故事。

因拖欠税款感到羞愧

如果讲完课以后还有时间，我会邀请学生们公开自己的意志力目标。这给他们制造了一定的社会压力。很多人会觉得，自己被迫按公开的宣言来做事。尤其是他们知道我会在全班面前问他们做得怎么样了，这对他们来说就更有压力了。很多学生盼着在班级面前展示自己的成功，这也会形成一种预期的自豪感。

有一年，一位女士在课堂上对大约 150 名学生表示，她的目标是补交自己拖欠的税款。在接下来的一周里，我没有见到她，所以我问其他同学："那位想补交拖欠税款的女士在哪儿呢？"她不在课堂上，但有两位同学举手说，自己已经迈出了第一步，上缴了最近拖欠的税款。最不可思议的事是，他们并没有把缴纳拖欠税款作为自己的意志力挑战。那位女士在上一节课上说的话激励了他们，这就是目标传染的经典案例。

那么，最初做出保证的那位女士去哪儿了呢？我也不知道，因为那是我们的最后一堂课，所以我再也没有见过她。我只希望她是去见了税收官，而不是羞愧地逃走了。当然，这是"我应该"的力量的另一面：想象别人的目光是很有激励作用，但如果我们失败了，别人毫不掩饰的轻蔑目光则会让我们羞于公开露面。

被踢出群体

在我们的社会里，上瘾、肥胖、破产等意志力"挫折"总是带着坏名声。我们可能错误地认为某人是软弱、懒惰、愚蠢、自私的，相信他们理应感到羞愧，或被赶出自己的群体。但我们最该警觉的行为，是避开那些不能按我们喜欢的方式自控的人。这不仅是一种对待别人的残酷做法，还是一种激励自己改变的糟糕策略。正如"身材多样性与健康协会"（Association for Size Diversity and Health）会长德布·兰迈尔（Deb Lemire）所说："如果羞愧管用，就不会有胖子了。”

研究显示，人一旦被踢出群体，意志力就会耗竭。举个例子，当人们被社会拒绝时[①]，他们就很难抵制新鲜出炉的曲奇饼干，面对具有挑战性的任务会很快放弃，在需要精神集中的实验里也更容易分心。研究也显示，少数族群越是受到歧视，自我控制能力就越差。这只是提醒少数族群，歧视会耗尽他们的意志力。只要我们觉得被排斥或被冒犯，我们就有可能屈服于自己最糟糕的冲动。

与其让意志力受挫的人感到羞愧，倒不如为他们提供社会支持。匹兹堡大学的减肥干预实验就是一个很好的例子。实验要求参与者和一个朋友或家人一起参加。实验人员会给他们布置“互助家庭作业”，比如在一周里一起吃一顿健康大餐，相互提供支持和鼓励。令人印象深刻的是，66% 的参与者在接下来的 10 个月里都能保持减肥。与此相比，在没有要求和朋友或家人一起参加的控制组中，只有 24% 的参与者能保持减肥。

意志力实验：把它变成集体项目

你无须单独面对你的意志力挑战。有没有朋友、家人或同事可以和你一起实现意志力目标？你们不必有相同的目标，只需要相互记录和鼓励。这就能让你们在自控时感到来自社会的支持。如果你愿意把这种支持变成一种良性竞争，你也可以在意志力竞争中赢过别人。看看谁会最先完成被延误的任务，看看谁在一个月里节省的钱最多。

① 研究人员是怎么“拒绝”受访者的呢？他们让一群受访者互相认识，然后观察他们比较喜欢跟哪些人一起做下一个任务。然后，研究人员告诉一些受访者，没有人表示愿意和他们合作，所以他们不得不独自完成任务。伙计们，干得好！——作者注

查看电子邮件，让目标保持鲜活

我过去的一个学生在上完课几个月后发来了一封电子邮件。那是我最喜欢的电子邮件之一。她想让我知道，我在最后一次课上开展的即兴实践活动，对她坚持目标起了举足轻重的作用。在最后一堂课上，有些学生担心，课程一旦结束，他们就会失去动力，无法持续做出改变。学生们觉得，知道自己会和别人分享自己的经历，即使是与坐在他们旁边的人分享，会激励他们做出值得汇报的事来。与别人分享经历正是本课的一个重要组成部分。

所以，在最后一节课上，为了克服一些学生的焦虑，我让大家和不认识的同学相互交换电子邮箱地址。我还说："告诉这个人你打算下一周做什么和你目标相符的事。"他们的任务就是给自己的搭档发电子邮件，并询问他们："你做了自己说过要做的事吗？"

几个月后给我发邮件的那个学生说，让她度过课程结束后第一周的唯一动力就是，她知道自己必须向这个陌生人汇报自己有没有履行承诺。最后，这变成了一个真正的伙伴支持系统。尽管他们在课堂外没有任何关系，但他们每隔一段时间都会检查一下进度。当他们不再这么做的时候，改变已经成了她生活的一部分，她也不再需要额外的支持了。

写在最后的话

值得注意的是，我们的大脑会把别人的目标、信念和行为整合到自己的决策中。当我们跟别人在一起时，或者只是简单地想到他们时，在我们的脑海里，别人就会成为另一个"自我"，并且和"自我"比赛自控。反之亦然：我们的行为也影响了其他无数人，我们做的每个选择对别人来说也是一种鼓舞或诱惑。

本章总结

核心思想：自控受到社会认同的影响，这使得意志力和诱惑都具有传染性。

深入剖析：

· 你的社交网络。在你的社交圈子里，有没有其他人和你有同样的意志力挑战？

· 你在模仿谁？睁大你的眼睛，寻找蛛丝马迹，看看你有没有模仿别人的行为。

· 你最可能从谁身上学到东西？谁是你“最亲密的别人”？有没有什么行为是你从他们身上学到的？或者说，他们有没有从你身上学到一些行为？

· 可别人都这么做！你有没有用社会认同来说服自己，说你的意志力挑战没什么大不了？

意志力实验：

· 增强你的免疫系统。为了避免重蹈别人意志力失效的覆辙，在每天刚开始的时候，花点时间想一想自己的目标。

· 感染自控力。当你需要一些额外的意志力时，给自己树立一个榜样。问问自己：那个意志力强的人会怎么做？

· 自豪感的力量。公开你的意志力挑战，想象你在意志力挑战成功后将多么自豪。

· 把它变成集体项目。你能在意志力挑战上赢过其他人吗？

1985 年，在三一大学的心理实验室里，17 名本科生陷入了一种难以自控的思维方式——他们没法不去想一头白熊。三一大学是位于得克萨斯州圣安东尼奥一所小小的文科院校。这些本科生明知这是不对的，他们不该去想它，但就是难以抗拒。每当他们试着去想别的东西时，思维就会不由自主地回到白熊身上。

平常，这些大学生很难想到白熊，因为他们满脑子都是性、考试和对新款可乐的失望。但这时，他们很难不去想白熊，因为他们预先就被告知“在接下来的 5 分钟里，请不要去想白熊”。

这些学生是哈佛大学心理学教授丹尼尔·韦格纳（Daniel Wegner）系列研究的首批参与者。在他职业生涯的早期，韦格纳读到过一个关于俄罗斯小说家列夫·托尔斯泰的故事。哥哥让小托尔斯泰待在角落，直到他不想白熊了再出来。晚些时候，哥哥回来了，小托尔斯泰还坐在那儿，为满脑子的白熊而苦恼。韦格纳很快发现他忘不掉这个故事，因为他脑海里一直萦绕着这样一个问题：为什么我们控制不了自己的思想?

韦格纳做了一个实验。像托尔斯泰小时候做过的思想控制测试一样，他告诉被试者，他们可以想任何事情，但就是不要想白熊。从下面这位女士的实验报告中可以看出，这对大多数人来说是多么困难。

“我竭尽全力地去想除了白熊以外的其他所有东西，我想呀想呀想。所以……嗯……嗯……嘿，看看这面棕色的墙。它看起来就像……每当我试着不去想白熊的时候，我其实总是想着它。”

这种状况维持了15分钟。

没法不去想白熊，这或许不是最糟糕的意志力失效的案例。但正如我们所见，越是不让我们想一件事，我们就会越去想它。对焦虑、沮丧、节食、上瘾的最新调查证实，把“我不要”的力量用在涉及思想、情感的内心世界，它就会失效。当深入内心世界时，我们会发现，我们需要给自控一个全新的定义，给放弃自控留出一点空间来。

这难道不讽刺吗?

韦格纳对其他学生重复了白熊实验。当学生们开始不断想到白熊时，韦格纳要求他们去想点别的，但每次都取得了适得其反的效果。当人们试着不去想某件事时，反而会比没有控制自己的思维时想得更多，比自己有意去想的时候还要多。这个效应在人处于紧张、疲劳或烦乱状态时最为严重。韦格纳把这个效应称为“讽刺性反弹”（ironic rebound）。当人们试图摆脱某种想法时，它却像回飞镖一样“嗖”地飞回来了[①]。

“讽刺性反弹”可以解释了现代人的很多失败事例：失眠患者越想入睡，就发现自己越清醒；减肥的人拒绝碳水化合物，却梦到了沃登面包和澳洲坚果曲奇；忧心忡忡的人试图摆脱焦虑，却一次又一次陷入对灾难的幻想。韦格纳还指出，清醒时压抑对意中人的想念，会让人经常梦到他们，甚至比刻意去想时梦到得还多。这无疑促成了心理学中著名的“罗密欧与朱丽叶”效

① 当我把这个研究告诉父亲时，他马上对研究结论表示赞同，并和我分享了他的亲身体验：“我在神学院读书时，他们警告我们绝对不要想性的问题。所以，我们经常相互提醒。当然啦，我们反而总是想到性，甚至比没进神学院时想得还多。”这或许解释了他为什么没能成为牧师。——作者注

应——越是禁止两人相爱，他们爱得越深。

压抑人的本能时，就会产生这种讽刺性反弹效应。韦格纳为此找到了各种各样的证据：渴望留下好印象的求职者，总会说出让考官生厌的话；努力保持正确政治立场的发言者，总会道出心中令人不快的成见；最想保守秘密的人，总是忍不住要泄密；努力不想打翻盘子的服务生，最可能把调味汁弄到衬衫上。韦格纳甚至还把一项科学发现也归咎于讽刺性反弹效应——在看同性恋色情电影时，最排斥同性恋的男人却勃起得最厉害。

压抑想法为何行不通？

为什么人们想消除某种想法或情绪，结果却适得其反？

韦格纳认为，这和大脑如何处理“不要去想”这个指令有关。大脑把这个指令分为两部分，分别由两个不同系统去执行。大脑的一部分负责将人的注意力从被禁止的想法那里引开，就像韦格纳第一个实验中那位设法不去想白熊的女士一样，“我试着去想白熊以外的其他所有东西……嘿，看看这面棕色的墙”。韦格纳将这个过程称为“操作”。“操作”依靠大脑的自控系统来完成。和所有需要付出努力的自我控制一样，这需要耗费大量的精力和能量。大脑的另一部分则负责寻找证据，证明你没有去想、去感觉、去做你不该去想、去感觉、去做的事，就像那位年轻的女士观察到的：“我想呀想呀想……每当我试着不去想白熊的时候，我其实总是想着它。”韦格纳将这个过程称为“监控”。“监控”和“操作”不同，它自动运行，无须耗费大量精力。“监控”与大脑的自动危险检测系统的联系更紧密。自动自控！这听起来可能很棒，但如果你认识到了“操作”与“监控”的配合有多重要，你就不会这么想了。无论基于什么原因，只要“操作”减弱了，“监控”就会成为自控的噩梦。

通常，“操作”和“监控”同时工作。例如，你要去杂货店并决定不买零食。当“操作”努力集中精神、计划并控制你的行动时（“我在杂货店，只买麦片粥，不买别的，麦片粥在哪儿？”），“监控”就会扫描你的想法和周边环境，来寻找警告信号。（“危险！危险！曲奇在第三个通道！你喜欢曲奇！肚子在咕咕叫了吧？报警！报警！小心曲奇！曲奇、曲奇、曲奇！”）如果你的精力充沛，“操作”就能很好地利用“监控”的报警信息。当“监控”指出可能的诱惑或干扰时，“操作”就会介入，把人引向目标并远离麻烦。但如果这个人有精神负担，无论是烦乱、疲劳、压力、醉酒、生病还是其他精神消耗，“操作”都难以完成任务。这时，“监控”就会像劲量电池广告里那只粉色兔子一样，不停地前进，前进，再前进。

疲惫的“操作”和精力充沛的“监控”造成了大脑的不平衡，这会带来问题。当“监控”寻找被禁的内容时，它会让人不断想起要寻找的目标。神经学家指出，大脑的潜意识不断想到被禁止的内容。这么做的结果是，你会想到、感觉到或去做自己正在努力避免的事。所以，在经过杂货店的零食货架时，“监控”会记住“不买曲奇”这个目标，同时你的脑海中会充满“曲奇、曲奇、曲奇”的警告。如果没有“操作”去全力平衡“监控”，在你的大脑里就会上演一幕莎士比亚悲剧。为了阻止你“堕落”，“监控”直接把你引向了堕落。

我想的都是真的

试图不去想某件事，它就会一直萦绕在你脑海中。这就导致了第二个问题：当人们试图摆脱一种想法，它却不断回到脑海中时，人们很可能认为它一定是真的。为什么这个想法会不断浮现？我们相信，我们的思想是信息的重要来源。当一个想法频繁出现、难以摆脱时，人们会很自然地认为它是需要关注的重要消息。

这种认知的偏见似乎已经在人类的大脑里根深蒂固了。人们会根据想起事情的难易程度来判断它的可能性或真实性。当人们试图忘记烦恼或欲望时，这可能带来令人不安的结果。例如，由于很容易记住涉及空难的新闻报道（特别是害怕坐飞机的乘客在准备登机的时候），人们往往会高估空难的可能性。事实上，发生空难的概率只有一千四百万分之一。不过，大多数人都相信，死于空难的概率高于死于肾炎或败血症的概率。肾炎和败血症是美国排名前10位的死亡因素，但人们却不太容易想到它们。

无论你想摆脱哪种恐惧或欲望，它们最后都会变得更让人信服，更引人注目。发现讽刺性反弹效应的心理学家韦格纳接到过一位学生的电话，这位学生因为总想到自杀而心烦意乱。那一瞬间的闪念已经在她脑海里扎根了，她确信自己一定是发自内心地想自杀。不然，这个想法为什么不断闯进她的脑子里？她打电话向韦格纳求助，因为韦格纳或许是她唯一认识的心理学家。请记住，韦格纳是一名科学心理学家，而不是精神治疗师。他没有接受过相关的训练，无法把人们劝离悬崖，也无法探索别人脑子中的黑暗角落。因此，他只能把自己知道的事告诉这位学生——白熊的故事。他给她讲了他的实验，并解释说：人越是想摆脱某种想法，这种想法就越可能回到意识中，这并不意味着这个想法是真实的，也不意味着这个想法很重要。这位学生听了之后轻松了许多。她意识到，自己对自杀这个想法的反应，反而使这个想法得到了强化，但这并不意味着她确实想自杀。

对你来说，这个想法可能是你爱的人遭遇车祸，或是只有焦糖冰激凌才能减缓压力。如果人们非常恐慌，急于摆脱这种想法，它就会卷土重来。当它再一次回归的时候，它会对人产生更大的影响。因为你不愿意去想它，所以它再次出现就显得别有意味。因此，人们更可能相信它是真的。所以，担忧的人就会变得更担忧，渴望冰激凌的人就更可能会去吃冰激凌。

深入剖析：讽刺性反弹调查

你是否想忘记某些东西？如果是，请检验一下讽刺性反弹理论。压抑有用吗？试图忘记某些东西是否让它回来时变得更强烈？（没错，你要让“监控”来监控它自己。）

避免讽刺性反弹

怎么才能找到摆脱这种困境的方法呢？韦格纳提出了一种对抗讽刺性反弹的方法。这个方法本身就很有讽刺意味——这个方法就是放弃自控。当人们不再试图控制那些不希望出现的想法和情绪时，它们也就不会再来烦你了。大脑激活研究证实，一旦允许研究对象把压抑的想法表达出来，这个想法就不太容易被激活了，因此进入意识的可能性也变小了。这件事说起来有点矛盾——允许你去想一件事，反而会减少你想起它的可能性。

结果证明，这种方法对消除许多不好的内心感受都有用，它的适用范围大得令人吃惊。去想自己所想，追随自己的感觉（你不必相信它是真的，不要觉得必须采取行动），这是治疗焦虑、抑郁、嗜食和各种上瘾症状的有效方法。我们通过这些证据可以看到，放弃控制内心感受，反而能让我们更好地控制外在行为。

我不想有这种感觉

努力不去想消极的想法，这会让人变得抑郁吗？这并不像听上去那么牵强。研究显示，越是压抑消极情绪，人越可能变得抑郁。抑郁的人越是想摆脱痛苦的想法，就越会变得沮丧。韦格纳的第一个思维压抑实验表明，这即使对健康的人也会有同样的效果。他要求被试者要么去想以前发生过的最糟糕的事，要么不去想那些事。当被试者感到压力或觉得烦乱时，不让他们去想这些伤心事，比让他们去想这些事，更容易让他们情绪消沉。另一个实验表明，人们试图摆脱自我批评的想法（“我真失败”“大家都觉得我很蠢”）时，与坦率面对这种想法相比，他们的自尊心更容易受挫，情绪更容易变坏。即使当人们自认为已经摆脱了负面想法时，情况仍旧如此。讽刺性反弹再次发挥了作用！

试图压抑焦虑情绪也会事与愿违。例如，有人努力不去想痛苦的治疗过程，最后却感到更加焦虑，并不由自主地想到疼痛。在公开演讲前试图压抑自己的恐惧，不仅会让人更加焦虑，而且会让人心跳加快。（因此，演讲者更可能吹牛。）人们可以努力把想法挤出大脑，但身体仍然会接收到信息。正如压抑悲伤和自我批评的想法会让情绪变得更沮丧，研究显示，压抑思维会加重严重的焦虑症（如创伤后应激障碍和强迫症）的症状。

你可能很难理解这些发现，因为它们和“避开烦恼”的常识正好相反。如果不去消除这些不好的想法，我们又该怎么做呢？正如我们下面要讨论的，如果想让自己远离精神痛苦，人们就需要与这些想法和平相处，而不是把它们推到一边。

我出了问题

菲利普·戈尔丁（Philippe Goldin）可能是你能见到的最开朗的神经学家。这并不是说其他的神经学家不友好，但他们大多不会热情地拥抱走进实验室的人。戈尔丁领导着斯坦福大学临床应用情感神经科学实验室，也就是说，他用自己关于大脑的知识去帮助那些受抑郁和焦虑（尤其是社交焦虑症）折磨的人们。社交焦虑是人们在社交时产生的一种严重的害羞表现。看到戈尔丁的人怎么也不会想到他会对社交焦虑症感兴趣，但他的职业就是理解并治疗这种病症。

参与他研究的人不只是在社交场合有点紧张，仅仅想到要和陌生人说话就可能让他们感到恐慌。想象一下自己赤身裸体、所有人都在对你指指点点、人们都在大声嘲笑你，你就能感受到那种噩梦般的感觉了。患有社交焦虑症的人感觉自己每时每刻都生活在这种噩梦里。他们常常害怕让自己难堪或被别人指指点点，但他们对自己的批评往往是最厉害的。他们通常被抑郁症折磨，大多数人会避开可能引起焦虑和自我怀疑的场合，如聚会、人群和公开演讲。因此，他们的生活圈子越变越小。即使是那些大多数人认为是理所当然的事，比如工作会议和打电话，都会让他们不知所措。

戈尔丁主要研究焦虑者感到担忧时的大脑活动。他发现，和一般人相比，有社交焦虑症的人更难控制自己的思想。这在他们的大脑中有所体现。感到担忧的时候（比如他们被批评了），他们的应激中心就会反应过度。当戈尔丁让他们改变想法时，他们的注意力控制系统却无法被有效激活。借用韦格纳的思维控制理论，这就像是“操作”已经耗尽能量，却不能使他们的思想远离担忧。这就很好地解释了为什么有焦虑症的人会充满恐惧——他们努力摆脱担忧，却完全没有效果。

社交焦虑症的传统疗法是通过挑战各种不好的想法（比如“我出了问题”）来消除焦虑。只有当人们相信“不去想”这种方法行得通时，这种疗法才有用。戈尔丁采取了完全不同的方法。他教那些社交焦虑症患者观察并接受自己所有的想法和感受，即使是那些令人惊慌的想法和感受（甚至包括恐惧）。这么做的目标不是摆脱焦虑和自我怀疑，而是培养患者的自信，让他们相信自己能应对这些困难的想法和感受。如果患者知道无须保护自己的内心感受，他们就能在外部世界找到更多的自由。当他们感到担忧时，戈尔丁就引导他们去观察自己的想法，感受身体里的焦虑，然后把注意力转移到呼吸上。如果焦虑仍然存在，他就鼓励他们去想象那些想法和焦虑随着呼吸消散了。他告诉患者，如果不和焦虑对抗，焦虑就会自然离去。

戈尔丁是个神经学家，所以他对这种方法会如何改变大脑尤其感兴趣。在进行思维干预的前后，他把焦虑症患者置于核磁共振成像仪里，观察他们感到担忧时大脑的运作情况。即使对最平静的人，这种大脑扫描仪也可能引起焦虑和幽闭恐惧症。患者被要求平躺不动，头部放进大脑扫描仪中。同时，为了防止患者移动头部或说话，还得用牙科模型蜡把患者的嘴巴固定起来。包围患者头部的机器会发出像电钻一样有规律的嗡嗡声。这似乎还不够糟，随后，患者还要对面前屏幕上显示的不同句子做出反应，这些句子都和他们自己有关，比如“我这个样子不好”“别人觉得我很怪”“我出了问题”。

当社交焦虑症患者思考这些语句时，戈尔丁仔细观察他们大脑中两个区域的活动。其中一个区域和阅读理解有关，它会显示患者对每个句子的思考深度；另一个区域是应激中心，它会显示患者的恐慌程度。

戈尔丁对比了每个人训练前后的大脑扫描结果，从中发现了一个有趣的变化。在进行干预之后，脑部活动更多出现在和视觉信息处理有关的区域中。与训练之前相比，社交焦虑患者更关注自我批评的句子了。对大多数人来说，这似乎是一次彻底的失败。

不过也有一个例外——应激中心的活动也大幅减少了。即使焦虑症患者完全专注于消极想法，他们也没有以前那么烦恼了。大脑的这个变化为患者的日常生活带来了很多好处。在进行干预之后，焦虑患者的焦虑程度总体上有所降低，他们在自我批评和担忧上花的时间也更少了。当他们不再与自己的想法和情绪对抗时，他们找到了更多的自由。

意志力实验：忠于你的感受，但别相信你所有的想法

遇到烦恼的时候，不妨尝试一下戈尔丁教给患者的方法。关注自己的想法，而不是试着转移注意力。通常情况下，最让人心烦的事都很相似——

同样的担忧、同样的自我批评、同样的不堪回首。“如果出了问题怎么办？”“我真不相信我做了那个，我真笨！”“要是那件事没发生，我会做成某件事吗？”这些想法会像脑海里的歌曲一样突然出现。它们不知从何而来，但一旦出现就无法摆脱。看看这些想法是不是很熟悉？它们都不是你需要相信的重要信息！接下来，把注意力转移到你的身体感受上，看看你是否会感觉紧张，心率或呼吸是否有变化，看看你的肠胃、胸腔、咽喉或其他身体部位是否有感觉。一旦观察到这些想法和感觉，就把注意力转移到呼吸上。感觉一下你是怎么吸气、呼气的。有时候，这些烦心的想法和感觉会随着呼吸自然消散。其他时候，它们将不停打断你对呼吸的关注。如果出现了这种情况，就把这些想法和感觉想象成飘过脑海和身体的浮云。不要停下呼吸，想象这些浮云不断消散或飘过。把呼吸想象成一阵风，它毫不费力地将这些浮云吹散、吹走。你无须让这些想法离开，只需保持呼吸的感觉。

注意，这种方法和相信或思考某个想法是不同的。不要抑制想法，接受它的存在，但不要相信它。你要接受的想法是：这些想法总是来来去去，你无法控制会出现什么想法，但你不必接受它的内容。换言之，你可以对自己说：“好吧，那种想法又来了，又得心烦。不过，这就是思维的运作方式，它并不一定意味着什么。”但不要对自己说：“好吧，我想这是真的。我真是个糟糕的人，糟糕的事会发生在我身上，我想我要接受这一点。”

同样的方法也可以用于应对使人分心或心烦意乱的各种情绪，比如愤怒、嫉妒、焦虑或羞愧。

在多次尝试这种方法后，比较一下这么做的结果和努力摆脱心烦想法和情绪得到的结果，看看哪种方法更能给你带来内心的平静？

不再愤怒的女儿

去年，瓦莱丽被各种事情折腾得筋疲力尽。几年前，她的母亲被诊断患有早期老年痴呆症，现在她的情况越来越糟糕，丧失记忆力的速度在加快。瓦莱丽上班时，母亲无法独自待在家里。瓦莱丽和家人决定把母亲送到长期护理所。尽管那里随时有医生护士照顾，但瓦莱丽仍然觉得有责任每天去看望母亲，监督她的医疗看护情况。瓦莱丽的其他兄弟姐妹住得离护理所比较远，她的父亲也去世了。因此，照顾母亲的责任就落在她的肩上。

这一切都让瓦莱丽愤怒不已。一方面是母亲身患恶疾，另一方面是她必须独自处理这一切。每次探望都让人沮丧，因为母亲的性情和记忆变得越来越无法预测。最重要的是，她为自己的愤怒而感到愧疚。为了消除疲劳、愤怒和愧疚，每天从护理所回家的路上，她都会去路边的杂货店买点东西来安慰一下自己。她会买很多纸杯蛋糕、甜甜圈或其他看起来很好吃的点心，然后在停车场的车里把它们吃掉。她一直告诉自己，她正在经历这么多事情，这是她应得的。但实际上，她是想在回家前消除自己的负面情绪。

瓦莱丽担心，如果在每次探望母亲后不摆脱那些负面情绪，她就会被这些情绪彻底击败。如果她让自己看到这些情绪，她就可能无法自拔。不过，这些情绪已经让她无法抵抗了。因此，每次探望母亲后，瓦莱丽都会坐在护理所外的长凳上，做呼吸训练并想象浮云。她让自己感受内疚和愤怒，然后把呼吸想象成一阵风，把这些乌云吹散。她想象感觉变得不那么沉重，不那么让人窒息。随着内疚和愤怒的消散，悲伤常常会浮现出来——这种感觉不会随着呼吸而去。但瓦莱丽发现，当她让自己感受悲伤时，她并不想把悲伤带走。她心里还有容纳悲伤的地方。

最后，去杂货店买东西失去了吸引力，取而代之的是时时刻刻感受每天出现的情绪。瓦莱丽还把同样的态度带到了探望母亲的时候。她让自己感到挫败，而不是告诉自己不能对母亲生气。这并未改变现状，但缓解了她的压力。当她试着不去摆脱自己的感觉时，她就能更好地照顾母亲和自己了。

无论是拖延症患者想摆脱焦虑，还是酗酒者想避免孤独，摆脱不好的感觉往往会导致自我毁灭的行为。挑战一下你的意志力，有没有什么你不想体验的感觉？如果你允许自己去体验，调节呼吸并想象浮云，会发生什么事？

别吃那个苹果

伦敦圣乔治大学的心理学家詹姆斯·厄斯金（James Erskine）对韦格纳的白熊实验很感兴趣。不过，他认为思维抑制不仅会让人们更可能想某件事，还会促使人们去做自己努力不去想的事。人们常常会做自己不想做的事情（包括厄斯金自己在内，但我无法从他身上窥探到任何细节），他一直对这个现象感到好奇。他最喜欢的作家是多斯托维斯基，这位作家塑造的角色通常会发誓不做某件事，但很快就会发现自己恰好做了那件事。当然，多斯托维斯基塑造的角色更可能纠结于杀戮的冲动，而不是对甜点的渴望。不过，厄斯金怀疑，从放弃节食到抽烟、酗酒、赌博和性爱（和一个你不想与之发生关系的人），所有自我伤害行为的背后都存在讽刺性反弹。

巧克力是世界上最诱人的食物之一，因此，厄斯金首先用巧克力展示了思维抑制对自控的不良影响。（几乎所有人都喜欢巧克力，这个实验是考察喜爱巧克力和不喜爱巧克力的人有何区别，研究者花了一年时间才找到11个不喜欢巧克力的人。）厄斯金邀请一些女士到实验室品尝两款相似的巧克力糖[1]。在拿来巧克力之前，他请女士们先自言自语 5 分钟。他让一部分女士表达自己对巧克力的想法，让另一部分女士压抑自己对巧克力的想法（为了作对比，他没有给剩下 1/3 的女士任何指示。）

一开始，思维抑制似乎起到了作用。那些尽力不去想巧克力的女士想到巧克力的次数比较少。在一次研究中，她们平均只想到了 9 次巧克力。与此相比，那些表达对巧克力想法的女士平均想到了 52 次。不过，支持思维抑制理论的各位也不要抱太大希望，因为品尝测试才是真正的成功评价标准。

接下来，实验人员向每位女士提供了两碗共 20 颗独立包装的巧克力。她们单独留在房间里填写一份关于巧克力的问卷，实验人员邀请她们随意品尝回答问题所需的巧克力。每次的研究结果都一样：在品尝测试前努力不想巧克力的女士，吃下了表达想法的女士 2 倍多的巧克力。在所有人里面，节食的人反弹最大。这说明，越想通过抑制想法来抵抗诱惑，受到的不良影响就越大。2010 年的一项调查发现，和非节食者比起来，节食者更可能压抑对食物的想法。另外，正如韦格纳的白熊实验预示的，压抑对食物的想法的节食者，面对食物时控制力最差。她们感受到的对食物的渴望更强烈，因此比不控制想法的人更容易过度进食。

节食减肥的问题

虽然美国人一直喜欢节食，但就减肥方法来说，节食实在不是个好主意。2007 年一次针对节食减肥法或限制热量摄入减肥法的调查表明，节食不仅对减轻体重或身体健康没有什么好处，而且被越来越多的证据证明有害

① 熟悉糖果的人可能有兴趣知道，厄斯金用的是麦提莎麦芽蜂窝牛奶巧克力球、吉百利脆皮糖衣牛奶巧克力球和银河仙子巧克力豆。——作者注

身心。多数节食者的体重不仅会反弹回节食前的水平，而且还会比原来增加不少。实际上，节食很容易导致体重增加，它会使你比体重相当但没有节食的人体重增长更快。不少长期研究的结论是，“循环反复”式的节食会使血压和胆固醇含量上升，会抑制人体的免疫系统，还会增加心脏病、中风、糖尿病和其他原因导致的死亡风险。如果你能回想起来，节食者还是很容易出轨的。

像厄斯金一样，很多研究人员都得出了这样的结论：导致节食措施不起作用的主要原因是，人们简单地认为不吃高热量食品最有效。从《圣经》里的第一个禁果开始，这种“一刀切”的思维带来了无数问题。科学已经证实，禁止进食某种食物会增加人对这种食物的欲望。举个例子来说，女士们被要求在一周里远离巧克力，这反而使巧克力有了强烈的诱惑，使她们在禁食结束后比禁食前吃得还要多。和对照组比起来，禁食组吃下了两倍分量的巧克力冰激凌、巧克力曲奇和巧克力蛋糕。这不是因为她们的大脑和身体突然意识到自己缺乏巧克力曲奇或巧克力冰淇淋中含有的某种氨基酸和微量营养物。（如果是这种机制发挥了作用，许多美国人早该对新鲜水果和蔬菜如饥似渴了。）这种反弹在很大程度上是心理上的，而不是生理上的。你越是想避开某种食物，你的脑海里就越会充斥这种食物。

厄斯金指出，很多节食者都错误地认为，自己有能力压抑自己的欲望。至少在节食开始时，他们能成功地不去想某种食物，这样就使他们产生了成就感。不只那些确信能压抑自身欲望的节食者会这么想，所有人都有这样的幻觉。这是因为我们从根本上假设这种方法是有效的。如果我们控制思想和行为失败了，我们会认为是自己压抑得不够，而不会认为压抑思想的方法根本行不通。这反而会使我们更强烈地想要压抑自己，即使撞上更硬的南墙也不回头。

深入剖析：你最渴望什么？

科学研究表明，当我们自我抑制，禁食一种食物时，我们反而会对它有难以抑制的欲望。你是否有这样的体验呢？你试过通过不吃一系列食物或你最喜欢的零食来减肥吗？如果你试过，你坚持了多久？你最后坚持下去了吗？你现在禁食什么东西吗？如果有，禁食是不是使你更渴望这些东西呢？如果你没有节食过，你是否曾经被禁止做什么事呢？被禁止做某件事会消除你对它的欲望，还是会激起你更大的渴望？

接受的力量

如果无法摆脱这些想法和诱惑，我们要如何应对它们呢？或许我们应该包容它们。下面是一个研究实例：研究者给了 100 位学生每人一个装满好时巧克力的透明盒子，让他们与这些盒子共处 48 小时。他们面对的挑战是——不要偷吃巧克力。（为了确保没人作弊，实验组织者给每个巧克力都做了标记。所以，如果有人偷偷把巧克力调包，他也会被揪出来。）这些学生并不是在毫无防备的情况下接受实验的，他们预先接受过“如何应对诱惑”的指导。一些学生被告知，当他们想吃巧克力时，应该转移注意力，与这些想法做斗争。比如，如果他们发现自己在想“这些巧克力看起来好好吃啊，我只吃一个”，那么他们就应该想“人家不允许你吃这些巧克力，你不需要它们”。换句话来说，这些学生被要求去做的，恰恰是大部分人在控制自己的馋嘴时做的事。

其他学生预先了解了“白熊”现象。实验组织者向他们解释了“反弹”理论，让他们不要强制自己忘掉吃巧克力的想法。相反，当他们发现自己想吃巧克力时，接受自己的想法和感受，但同时也要记住，不要顺着自己的想法去做。即使不试着控制自己的思维，也要控制自己的行为。

在 48 小时的意志力实验中，那些放弃控制思维的学生对巧克力的欲望反而比较少。有趣的是，那些从“接受策略”中受益最大的学生，恰恰是平时很少严格控制饮食的人。那些与想吃东西的念头斗争最激烈的学生，虽然试着转移注意力或与这些念头相抗衡，但都遭遇了惨重的失败。但当他们不再压抑自己的思维时，却在很大程度上对巧克力失去了兴趣，对随身携带看得见吃不着的巧克力也不再有压力了。最令人难以置信的是，在采取“接受策略”的学生中，两天时间里没有一个人偷吃诱人的巧克力。

意志力实验：直面自身欲望，但不要付诸行动

在好时巧克力实验中，实验组织者告诉那些知道“白熊”现象和“反弹”理论的学生，在接下来一周里可以用以下 4 个步骤来应对自己强烈的欲望。这些欲望可以是巧克力、卡布奇诺咖啡或不停查收电子邮件。

1. 承认自己脑海中的欲望，以及渴望某种事物的感觉。

2. 不要马上试着转移注意力或与之争论。接受这种想法或感觉，提醒自己“白熊”现象和“反弹”理论。

3. 退一步考虑，意识到这种想法和感觉并不受你控制，但你可以选择是否将这些想法付诸实践。

4. 记住你的目标，提醒自己预先做出的承诺。正如那些学生会提醒自己，他们答应过不偷吃巧克力。

好时巧克力带来的灵感

办公桌上摆着一碗糖果，这是再正常不过的事了。凯洛琳很高兴自己有应对这些诱人巧克力的好办法。凯洛琳从自己的桌上撤掉了糖果碗，但如果她没有经受住诱惑，她还可以到随便什么人的桌上拿一块糖。糖果的压力一

直沉甸甸地压在她心头。如果她偷吃了一块，她会找借口鬼鬼祟祟吞下另一块吗？这种压力如此之大，以至于凯洛琳宁愿给 10 米开外的同事打电话或发邮件，也不愿意走过去面对人家桌上诱人的糖果。在我们讨论完好时巧克力实验一周后，我收到了凯洛琳发来的电子邮件。她兴奋地告诉我，这个实验让她发现了自控的好办法。她现在能看着同事桌上的巧克力，甚至能弯下腰使劲闻巧克力的香味，但却不会去吃了。这时，她的同事正拿着一块糖果，慨叹自己为什么意志力如此薄弱。相比之下，凯洛琳简直无法想象自己竟有这么坚强的意志。她不知道这是因为她接受了自己的欲望，还是因为她想到了那些随身携带好时巧克力的学生。但无论如何，她都感到很高兴。

学生经常告诉我，想象某个特定的研究案例，即使只想象研究的参与者，也能带给他们足够的自控力。如果某个案例让你印象深刻，不妨把它放进当下的场景模拟一番。

远离节食的减肥

如果不戒掉高热量的食品，还有没有别的方法来减肥或改善健康状况呢？最新的研究提出了一个解决方案。当然，我不是说那些神奇的药丸——那些号称可以帮你燃烧脂肪的药丸，实际上却会在你蒙头大睡时让你增重。加拿大魁北克拉瓦尔大学的科研人员进行了一项独特的研究。他们关注的是被试者应该吃些什么。他们没有列出哪些食物是不应该吃的，也不关注减少摄入的热量，而是说明适当的食物有利于身体健康，能使人快乐。这个项目要求被试者思考自己可以做些什么来改善健康状况，比如体育锻炼，而不是思考什么是不能做的，或哪些东西是不能吃的。

从本质上说，这个研究项目把“我不要”变成了“我想要”的意志力挑战。他们让被试者把追求健康当作任务，而不是把抑制食欲当作任务。

这个研究展示了，把“我不要”变成“我想要”是行得通的。2/3 的被试者听从了研究人员的建议，他们的体重显著减少，并在接下来的 16 个月里保持减肥成果。（和你最近的节食结果比一比吧。我相信，平均只需 16 天，你减掉的体重就会反弹。）他们还提到，在参与这项研究后，被试者对食物的欲望降低了。他们在压力、庆功宴等可能引发暴饮暴食的因素面前也更能控制自己了。重要的是，那些对食物的态度最摇摆不定的女士反而减肥效果最明显。少一点冷冰冰的禁止，反而让她们更能控制食欲了。

意志力实验：把“我不要”变成“我想要”

即使是不打算减肥的人，也能从把“我不要”变成“我想要”的成功中得到启发。当你面对“我不要”的巨大意志力挑战时，可以试着采取以下策略。

除了“我不要”，你还能做什么来满足同样的需求？许多坏习惯都是为了满足一定的需求而形成的，这些需求可能是减少压力、获得愉悦，也可能是寻求认同。你可以关注这些需求，用有同样效果的健康的新习惯来戒掉坏习惯。我的一位学生想戒咖啡，所以就用喝茶来代替喝咖啡。茶和咖啡有几乎相同的作用，能给你休息的机会，能提神，能端着到处跑，而且不用摄入那么多咖啡因。

如果没有了坏习惯，你还能做些什么？你可以做其他有趣的事来代替坏习惯。大多数的癖好和消遣需要从生活的其他部分抽调大量时间和精力。有时，关注错失的机会比试着戒掉坏习惯更有激励作用。我的一位学生是电视真人秀的发烧友。但当她为自己设定了“提高厨艺”的目标时，她就成功关掉了电视，并把更多时间放在琢磨厨艺上。（她成功的第一步就是用厨艺节目代替真人秀，接着从沙发上移动到厨房里进行实践。）

可以通过重新定义“我不要”的挑战，把它变成“我想要”的挑战吗？有时，同样的行为会被两种截然不同的思想支配。举个例子来说，我的一位学生把“不要迟到”重新定义为“做第一个到的人”或“提前 5 分钟到”。这或许听起来没有太大的不同，但他发现，自己变得更有动力了，也没那么容易迟到了。因为，他把“按时到达”变成了一场他能获胜的比赛。如果你关注自己想做什么，而不是自己不想做什么，你就可以避免“反弹”效应带来的危害。

如果你想做这个实验，请先花一周时间来关注你想做什么，而不是你不想做什么。在这周的最后，想一想你在旧的“我不要”挑战和新的“我想要”挑战中分别表现如何。

请勿吸烟

萨拉·鲍恩（Sarah Bowen）是华盛顿大学上瘾行为研究中心的专家学者，她认真思考过如何设计自己的“刑讯室”。她选择了一个有基本配置的会议室，里面有一张可以围坐 12 个人的长桌。她把窗户遮起来，把墙壁清理干净，以免被试者分散注意力。

吸烟者一个接一个地来了。每个人都拿着一盒没有开封的、他们最喜欢的牌子的香烟。所有人都想戒烟，但都还没成功。鲍文让他们来之前至少 12 个小时不能抽烟，确保他们以渴求尼古丁的状态出现。她知道他们非常想抽烟，但他们必须等所有人都来了才行。

他们都来了之后，鲍文让他们围着桌子坐下来。每个椅子都对着墙，所以被试者之间相互看不到。她告诉大家取出所有的书、手机、食物和饮品，然后给他们每人发了一支铅笔和一张纸来回答问题。无论发生了什么事，他们都不能相互交谈。然后，“刑讯”开始了。

鲍文说："拿起烟盒，然后看着它。"他们都照做了。她继续发号施令："现在开封。"这指的是每个吸烟者打开一包新烟或雪茄。"现在，把玻璃纸去掉，打开盒子。"她继续指导他们做每一个步骤——在打开盒子取出香烟时吸一口气，拿着它，看着它，闻着它，把它放在嘴里，拿出打火机，凑近香烟但不点火。每一个步骤完成后，她都让所有人停下来，等上几分钟，再继续下一个步骤。鲍文告诉我："大家都很不高兴。我能看到他们心底的欲望。他们极力想转移注意力，他们会玩铅笔、东张西望、坐立不安。"鲍文虽然也不想看他们这么痛苦，但她需要确认他们正经历强烈的诱惑，这种诱惑使他们想在烟瘾面前投降。鲍文的真正目的是，看看"用心感受自我"能否帮助吸烟者抵制诱惑。

在实验之前，一半的吸烟者都经过了一个名为"驾驭冲动"的简短培训。他们被要求去感受自己对抽烟的渴望，而不是去改变或摆脱这种习惯。我们可以看到，这种方法已经对应对抑郁和美食诱惑起到了很好的效果。他们既不需要从冲动上转移注意力，也不需要寄希望于它自己消失，只需好好地观察自己，看看当时自己在想什么，有什么样的冲动，自己的肚子、肺部、喉咙会不会感觉不适。鲍文向吸烟者解释说，无论你是否满足了冲动，它最终都会消失。当受到强烈诱惑时，他们要想象这些冲动只是大海里的浪花。虽然它很强大，但最终会碰上岩石，化成泡沫。他们要想象自己在驾驭海浪，而不是与之抗衡。鲍文让他们在实验过程中运用"驾驭冲动"的技巧。

一个半小时后，老烟枪们都心力交瘁了，他们终于可以走出"刑讯室"了。鲍文没有要求他们不去抽烟，也没有鼓励他们在日常生活中使用"驾驭冲动"的技巧。但她给每个人布置了最后一个任务：在接下来的一周里，记录自己每天抽了多少烟，以及自己的心情和抽烟的冲动。

在第一天里，两组人抽的烟都和平时一样多。但在接下来的这周里，从第二天开始，采用“驾驭冲动”技巧的那组人抽的烟变少了。到第七天，控制组还是没有什么变化，但采用“驾驭冲动”技巧的那组人吸烟的冲动减少了 37%。正视自己的冲动能让他们采取积极措施来戒烟。鲍文还研究了吸烟者心情与吸烟冲动之间的关系。令人惊讶的是，那些学过“驾驭冲动”技巧的吸烟者心情郁闷和吸烟之间不再表现出显著的联系。学会接受和掌控不愉快的心情，不再一感觉不适就用不健康的习惯（例如吸烟）来获得愉悦，这正是“驾驭冲动”技巧最棒的副作用。

虽然这项吸烟研究是一次短期的科学实验，不是长期的干预项目，但鲍文同时也领导了一个关于家庭滥用药物的长期项目。（她说：“我们靠想象来做实验，而不是让被试者服药。出于一些原因，我们没法直接用大麻。”）在最近的研究中，鲍文随机选择了 168 名男女，分成两组。其中一组进行了普通的药物滥用康复训练，另一组还额外接受了关于“驾驭冲动”技巧和其他掌控压力和欲望策略的培训。在接下来的 4 个月里，接受过培训的一组表现出的冲动更少，用药状况的反弹也更少。这再一次证明了，这种培训切断了感觉不快和想服用药物之间的联系。对那些学过“驾驭冲动”技巧的人来说，生活压力再也不会增加他们陷入药物依赖的风险了。

意志力实验：驾驭冲动

无论你对什么上瘾，“驾驭冲动”的技巧都能帮你抵抗诱惑，而不是屈服于它。当冲动占据你的头脑时，花至少一分钟去感觉自己的身体。你的冲动是什么样的？是热的还是冷的？身体有没有感到不舒服？心率、呼吸或内脏有什么变化？保持这个状态至少一分钟。看看这些感觉在强度或特性上有什么变化。就像小孩子发脾气的时候一样，拒绝按照自己的冲动行事，有时会增加一个人的紧张程度。试着接受这些感觉，而不是试图否认它们。当你使用“驾驭冲动”的技巧时，呼吸是很有帮助的。你可以去感觉呼吸，体验吸入和呼出每一口气时的感觉，在此过程中了解自己的冲动。

当你第一次采用这个策略时，你可能一时驾驭住了冲动，但后来又故态复萌。在鲍文的吸烟研究中，每个人走出“刑讯室”后都马上抽起了烟。如果你在最初几次尝试中失败了，别灰心，这并不意味着这种方法是无效的。“驾驭冲动”和其他自控的新方法一样，都需要时间。你是否想在冲动来临之前就使用这项技巧？你可以正襟危坐，看看自己什么时候产生了冲动，想要抓鼻子、跷个腿或动一下。用同样的方法来驾驭这时的冲动，去感受它，但不要随冲动行事。

驾驭抱怨的冲动

泰瑞莎知道，她长期以来习惯于责备丈夫，这让他们的夫妻关系变得很紧张。他们已经结婚 5 年了，关系紧张主要是从去年开始的。他们经常为一些小事争吵，例如房子周边的环境应该怎么打理，如何管教他们 4 岁的儿子等。泰瑞莎发现，自己会不由自主地想到，丈夫似乎是特意“做错事”来激怒她。另外，她丈夫已经被千篇一律的责备和批评弄得筋疲力尽了。虽然泰瑞莎很想让丈夫改变做法，但理智让她意识到，自己似乎才是影响婚姻关系的主要原因。

她决定驾驭自己想责备丈夫的冲动。当冲动加剧时，她能感觉到身体里的不安，下巴、脸和胸口的感觉尤为强烈。她观察了自己的愤怒和挫折感。它们就像是由热量和压力构成的，就像是即将喷发的火山。过去，她一直觉得有话必须说出来，否则就会烂在心里。现在，泰瑞莎验证了这个想法——冲动就像渴望一样，只要你不依照其行事，它就会自行消亡。每当她有了这样的冲动，她就告诉自己，在心里抱怨就好。有时，她觉得这么做很荒谬；有时，她又觉得这么做足以排遣愤怒。无论如何，她都把这些冲动埋在心里，不和丈夫争吵，也不对外表达。她把愤怒想象成海浪，让这种感觉随浪而逝。她发现，如果她调整呼吸，和身体中的冲动和平共处，它们就会平息下来。

驾驭冲动不只适用于戒除癖好，还能帮助你掌控有害的冲动。

对内接受自我，对外控制行动

当你开始试着接受欲望时，请记住，抑制欲望的反面不是自我放纵。在这一章里，我们看到的所有成功案例（例如接受焦虑和欲望、结束限制性节食和驾驭冲动）都告诉我们，不要试图控制自己的心理活动。它们不鼓励人们去相信让自己不快的想法，不鼓励人们做出失控的行为，不鼓励有社交焦虑症的人忧心忡忡地待在家里，不鼓励节食者一日三餐都吃垃圾食品，也不鼓励药物滥用后的恢复者重新服用成瘾药物。“想过把瘾就过把瘾吧”，它们可不会这么建议。

从很多方面看，这些案例都和意志力的作用紧密相关。它们依赖观察和了解自我的能力，而不是做出判断的决断力。它们向我们提供了一种应对诱惑、自我批评和压力等意志力大敌的方法，提醒我们关注自己真正想要什么，让我们从中找到克服困难的动力。同样的基本方法适用于很多意志力挑战，对克服沮丧和药物上瘾都有奇效。这些实例都证实了，认识自我、关心自我和提醒自己真正重要的事物，这三种方法正是自我控制的基石。

写在最后的话

试着控制自己的思想和感受，反而会对我们原先的目标产生反面效果。但是我们大多数人在犯下这个战略性错误后，并不会在反省失败时认识到这一点。我们反倒会认为是自己自制力不够，从而会定下更多“下次一定要控制住自己”的目标。为了让我们的头脑远离有害的思想和感受，我们努力去摆脱它们，但往往事倍功半。相反，如果我们想要获得心灵的平静和足够的自控力，我们就需要认识到，控制自己的思想是件不可能的事。我们能做的就是，选择自己相信什么，选择自己要做什么。

本章总结

核心思想：试图压抑自己的想法、情绪和欲望，只会产生相反的效果，让你更容易去想、去感受、去做你原本最想逃避的事。

深入剖析：

· 观察“反弹”效应，看看你有没有想逃避的想法？压抑这些想法是否有效？试图摆脱某种想法，是否反而会让那种想法变得更强烈？

· 你最想得到的是什么？当你拼命试着把某件东西赶出脑海时，是不是反而对它产生了更强的渴望？

意志力实验：

· 忠于你的感受，但别相信你所有的想法。当你产生不快的想法时，将注意力转移到身体上，然后专注于呼吸，想象这些想法像浮云一样逐渐淡去。

· 直面自身欲望，但不要付诸行动。当欲望来袭时，注意到它，但不要马上试着转移注意力或与之争论。提醒自己“白熊”现象和“反弹”效应，记住你真正重要的目标。

· 驾驭冲动。当冲动一直存在时，与这些生理上的感觉共处，像驾驭海浪一样驾驭它，不要试图摆脱它，但也不要将冲动付诸行动。

我们从塞伦盖蒂大草原开始了我们的旅程。那时，我们正在被一只剑齿虎穷追不舍。现在，当你翻到这本书的最后几页时，我们的旅程即将结束。这一路走来，我们看到了自控力惊人的黑猩猩，也看到了很多丧失自控力的人类。我们走访了很多实验室，看到了节食者如何拒绝巧克力蛋糕，饱受焦虑折磨的人如何面对恐惧。我们看到了神经科学家发现“奖励的承诺”，也看到了神经营销学家是如何从中获利的。我们看到了各种各样的干预方法，用骄傲、原谅、锻炼、冥想、同伴压力、金钱、睡眠，甚至是上帝，来激励人们改变自己的行为方法。我们看到了很多心理学家，他们以意志力科学的名义，电击小白鼠，折磨烟民，还用棉花糖诱惑4岁小孩。

我希望，这个旅程并不仅仅是走马观花的一瞥，不仅仅让你惊叹于神奇的科学研究。实际上，每一项研究都能告诉我们很多东西。这些东西关乎我们自己，也关乎我们的意志力挑战。它们让我们意识到，我们天生就有自控的能力，即便有时我们不太会运用这种能力。它们帮我们找到失败的原因，为我们指出可行的解决方法。它们甚至告诉我们，做人意味着什么。比如，我们一次又一次地看到，并不是只有一个自我，人是多个自我的混合体。人类的天性不仅包括了想即时满足的自我，也包括了目标远大的自我。我们生来就会受到诱惑，也能抵制诱惑。人类生来就能感觉到压力、恐惧或失控，但同时也能让自己平静下来，能掌控自己的选择。自控力的关键就是理解这些不同的自我，而不是从根本上改变我们自己。在追求自控的过程中，罪恶感、压力和羞愧是我们通常用来对付自己的武器，但都不起作用。自控力最强的人不是从与自我的较量中获得自控，而是学会了如何接受相互冲突的自我，并将这些自我融为一体。

如果说真的有自控力秘诀，那么从科学的角度来说确实有一个，那就是集中注意力。当你做出决定的时候，你需要训练自己的大脑，让它意识到这一点，而不是让它自行其是。你需要意识到，你是如何允许自己拖延的，你是如何用善行来证明自我放纵是合理的。你也需要意识到，奖励的承诺并非总能兑现；未来的你不是超级英雄，也不是陌生人。你需要看清，自己身处的世界，无论是销售陷阱，还是社会认同，都在影响你的行为。当你的注意力即将分散的时候，或者你即将向诱惑投降的时候，你需要静下心来，弄清自己的欲望。你需要记住自己真正想要的是什么，什么才能真的让你更快乐。“自我意识”能帮你克服困难，实现最重要的目标。这就是我能想到的对“意志力”最恰当的定义。

写在最后的话

出于科学探索的精神，每回“意志力科学”课程结束的时候，我都会问学生们，在他们观察到的事情和尝试过的实验里，什么给他们留下了最深刻的印象。最近，我的一位科学家朋友建议我说，谈及科学的书最合适的结语莫过于——得出你自己的结论。所以，即便我很想写一段最后的总结，我还是要训练一下“我不要”的力量。我只向大家提出以下几个问题：

* 你对意志力和自控力的想法是否有所改变？
* 你认为哪个意志力实验对你最有帮助？
* 你看到哪一页的时候最吃惊？
* 你从这本书里学到了什么？

在未来的人生道路上，请保持科学家的心态。尝试新鲜事物，收集自己的数据，根据证据做出判断。对出人意料的想法保持开放的心态，从失败和成功中吸取经验教训。坚持有效的方法，和他人分享你了解的知识。面对复杂的人性和现代社会的诱惑，我们最好能做到这几点。但是，如果我们能保持好奇心和自我同情，那对付它们就绰绰有余了。

鸣　谢

在上一本书里，我对相关的朋友表达了感激之情。如今，一切都没有改变，我依然对他们给予我的支持表示衷心感谢。我还要感谢一些新的朋友，是他们让这本书得以成功面世。

感谢我的经纪人特德·温斯坦（Ted Weinstein）。能遇到像他这样的支持者，是每一位作家的幸运。他修改了我的提案，帮助本书找到了合适的出版商和编辑，并保证我能按时完成。这一切都归功于他。

感谢艾弗里（Avery）的整个出版团队，特别是我的编辑雷切尔·霍尔茨曼（Rachel Holtzman）。感谢她对本书的支持和出色的编辑指导。她能理解学龄前儿童拒绝饼干这个实验的幽默之处，这可不是件小事。难以想象，要是这本书落在了不热爱科学的人手上，会变成什么样子。

感谢本书第一稿的读者：布莱恩·基德（Brian Kidd），他对每句话都有无尽的热情，还能对每个笑话报以大笑；还有康斯坦斯·霍尔（Constance Hale），他的反馈极具洞察力，帮我厘清了逻辑。

感谢插画设计者，来自“视觉解剖有限公司”（Visual Anatomy Limited）的蒂娜·帕乌雷托斯（Tina Pavlatos）。感谢她为本书提供的精彩的大脑图片。当我不断让她修改前额皮质那张图时，感谢她无与伦比的耐心。

感谢所有通过电话、电子邮件或面谈和我交流过的科学家，无论是直接为本书提供帮助的人，还是多年来帮助我了解意志力科学的人。这些人包括：乔·巴顿（Jo Barton）、萨拉·鲍恩、丹尼尔·埃夫隆（Daniel Effron）、詹姆斯·厄斯金、豪尔·厄斯纳－赫什菲尔德、马修·加略特、菲利普·戈尔丁（Philippe Goldin）、詹姆斯·格罗斯（James Gross）、凯特·珍斯·范·莱斯伯格（Kate Janse Van Rensburg）、布莱恩·克努森、贾森·利利斯（Jason Lillis）、艾琳·鲁德丝（Eileen Luders）、安托万·卢兹（Antoine Lutz）、特雷茨·曼（Traci Mann）、贝努瓦·莫林、格雷斯汀·内夫（Kristin Neff）、罗伯特·萨博斯基、苏珊娜·希格斯托姆、布莱恩·谢利（Brian Shelley）和格雷格·沃尔顿（Greg Walton）。感谢你们对这个领域做出的贡献。如果我在描述你们的作品时出现了细微的差错，我在此表示歉意。

感谢斯坦福大学里多年来支持我教学工作的人们。我要特别感谢斯坦福继续教育中心（Stanford Continuing Studies）对“意志力科学”课程的支持，尤其是副院长兼教导主任丹·科尔曼（Dan Colman），他是第一个认可课程理念的人。我还要感谢斯坦福教学与学习中心（Stanford Center for Teaching and Learning）、医药健康促进工程学院（School of Medicine's Health Improvement Program）、斯坦福同情心与利他主义教研中心（Stanford Center for Compassion and Altruism Research and Education）和第一心理学项目（Psychology One Program）。它们为我提供了研究方法和各种机会，并不断鼓励我，使我成为一位更好的老师。

最后，我要把最诚挚的感谢送给所有选修“意志力科学”课程的同学们。没有他们，这本书就不会面世。特别感谢那些提出尖锐问题的学生，那些敢于在全场陌生人面前讲述自己尴尬经历的学生，还有那些在最后一堂课带来了自制软糖的学生。在我们一同庆祝的时刻，那些软糖让我们一起训练了（或者说是一起放弃了）意志力。

图书在版编目（CIP）数据

自控力：斯坦福大学广受欢迎的心理学课程 /（美）凯利·麦格尼格尔著；王岑卉译. — 北京：北京联合出版公司，2021.1（2025.9重印）

ISBN 978-7-5596-4727-6

Ⅰ.①自… Ⅱ.①凯… ②王… Ⅲ.①自我控制－通俗读物 Ⅳ.①B842.6-49

中国版本图书馆CIP数据核字（2020）第249088号

北京市版权局著作权合同登记　图字：01-2020-7752号

The willpower instinct: how self-control works,why it matters,and what you can do to get more of it by Kelly McGonigal,Ph.D.

自控力：斯坦福大学广受欢迎的心理学课程

作　　者：［美］凯利·麦格尼格尔
译　　者：王岑卉
出 品 人：赵红仕
责任编辑：李艳芬
装帧设计：艾　藤　易珂琳

北京联合出版公司出版
（北京市西城区德外大街 83 号楼 9 层　100088）
河北鹏润印刷有限公司印刷　新华书店经销
字数 211 千字　700 毫米 ×980 毫米　1/16　16 印张
2021 年 1 月第 1 版　2025 年 9 月第 17 次印刷
ISBN 978-7-5596-4727-6
定价：55.00 元